Color
Style
Book

Color
Style
Book

型女必备色彩风格书
COLOR STYLE BOOK

能干的女孩都有一本
色彩风格手册

内 容 提 要

那些"特别会穿衣服"的女士们的秘密就在于，她们找到了适合自己的颜色，并学会了色彩搭配技巧。即使没有最新流行元素和特别的款式设计，整体风格也能让人赏心悦目。一个脸蛋俊俏的女孩为什么看起来像土气的村姑，一个相貌平平的女孩为什么浑身上下散发出时尚明星的气质，其实，这两者的原因在本质上是一样的。

每个人都可以根据自己的色彩属性和形象特征，创造出崭新的自我形象，彰显个性和魅力。如果你有决心和勇气，那么此时你手里的这本书，就将作为色彩顾问，助你打造绚丽多彩的人生。

原文书名：일 잘하는 그녀의 컬러 스타일북

原作者名：Jung–Sun, Hwang

Copyright © 2011 by Jung–Sun, Hwang

All rights reserved.

Simplified Chinese copyright © 2013 by China Textile & Apparel Press

This Simplified Chinese edition was published by arrangement with Golden Owl. Inc through Agency Liang

本书中文简体版由Golden Owl. Inc经Agency Liang授权，由中国纺织出版社独家出版发行。

本书内容未经出版者书面许可，不得以任何方式和任何手段复制、转载或刊登。

著作权合同登记号：图字：01-2012-1104

图书在版编目（CIP）数据

型女必备色彩风格书 ／（韩）黄桢善著；傅文慧译.
—北京：中国纺织出版社，2013.6（2015.6重印）
ISBN 978-7-5064-9690-2

Ⅰ.①型… Ⅱ.①黄… ②傅… Ⅲ.①女性—服饰美学—配色 Ⅳ.①TS941. 11

中国版本图书馆CIP数据核字（2013）第080263号

策划编辑：张 程 责任编辑：张 程 特约编辑：张 祎 版权编辑：徐屹然
责任校对：余静雯 责任设计：何 建 责任印制：何 艳

中国纺织出版社出版发行
地址：北京市朝阳区百子湾东里A407号楼 邮政编码：100124
邮购电话：010 — 67004461 传真：010 — 87155801
http://www.c-textilep.com
E-mail:faxing@c-textilep.com
北京通天印刷有限责任公司印刷 各地新华书店经销
2013年6月第1版 2015年6月第3次印刷
开本：710×1000 1/18 印张：16
字数：93千字 定价：39.80元

型女必备色彩风格书

[韩] 黄桢善　著

傅文慧　译

能干的女孩都有一本
色彩风格手册

中国纺织出版社

前言

    谁都有自己特别偏爱的颜色，有的人钟情于清秋天空的蔚蓝，有的人陶醉于凝练的黑色。即使是同样颜色的服装，有些人穿上会显得明丽，有些人穿上却显得暗淡。根据用法不同，色彩所表现出的形象可谓千差万别。这就是为什么一袭红裙让人觉得性感十足，而一件白色衬衫则显示出正派和纯洁。

    那么对于我来说，什么样的颜色才是最适合的颜色呢？要想找到这个问题的答案，首先要问问自己，最钟爱的颜色是什么以及这种颜色所表现出来的形象是什么样子。或许有很多人，自己也不知道自己喜欢什么颜色，那么正好借这次机会，认真思考一下自己最钟爱的是什么颜色，这既是准确把握自我个性的捷径，也是构建自我色彩形象的基石。

    那些特别会穿衣服的女士们的秘密就在于，她们找到了适合自己的颜色，并学会了色彩搭配技巧。即使没有最新流行元素和特别的款式设计，整体风格也能让人赏心悦目。如果知道怎样巧妙搭配外套和裙子、衬衫和裤子的色相，能正确选择适合自己的色彩，那么穿衣之道也不再是什么深奥的学问了。一个脸蛋俊俏的女孩为什么看起来像土气的村姑，一个相貌平平的女孩又为什么浑身上下散发出时尚明星的气质，其实，这两者的原因在本质上是一样的。那些适合自己的颜色，能够散发出"魔力"。如果让这些颜色靠近脸颊，会发现肌肤顿时发出光泽，如雪似蜜，明眸显得炯炯有神，秀发也水润自然起来，整个人都显示出朝气和健康美。这也是为什么宫孝真❶看起来比五官更精致的金泰熙❷还要时尚的原因。

　　我生性猎奇，当年二十多岁的时候，买衣服只挑看上眼的颜色和最流行的款式，现在想想，真算得上是一个给别人造成色彩视觉恐怖的"恐怖分子"了。我也是在系统学习色彩知识之后，才逐渐得到"越变越漂亮"之类的赞美。当然，得到的不只是赞美，更重要的是我由此而获得

❶宫孝真，韩国影视明星，代表作有电视剧《尚道，一起上学去》等。——译者注
❷金泰熙，韩国影视明星，代表作有《爱在哈佛》等，被誉为韩国第一美人。——译者注

的自信，这对我日后的生活方式也产生了极大影响。这些，都得益于找到了最适合自己的颜色。我在企业培训课堂上强调最多的也是怎样找到最适合自己的颜色以及如何运用最适合自己的颜色这些问题。"最适合自己的颜色，是根据每个人自身天生的肤色、发色、瞳孔色等得来的，这些颜色的应用，直接关系到整体形象的形成。如果形成的是一种积极向上的形象，那么，在心理上会使人直接生发自信感，并带动积极的思考方式，对色彩的固有偏见也就自然消逝了，人生也由此变得丰富多彩起来。"这个观点，我在许多场合都强调过，如果能引起读者注意，在这里再强调一遍也不为过。

有许多职场人士，在听过我们关于色彩形象塑造的专业培训课程之后，认识到了个人最适颜色(也称个人颜色，Personal Color)的重要性，专程前来寻求个人色彩咨询服务。通过一对一肤色对比分析，他们找出了自己的个人最适颜色。看着他们找到最适颜色之后兴奋和满意的表情，我们也由衷地感到欣慰。

本书是专门为那些没有时间进行个人色彩形象诊断的职场女性所写，希望同她们分享一些寻找个人最适颜色和打造最佳形象的方法。为了变得更美，在决定进行整形手术和皮肤微整形之前，请先考虑寻找到最适合自己的色彩。本书附有"秘密色彩自我查阅备忘录"，在购买服装或者化妆品的时候，随手带上，能成为很好的色彩参考。每个人都可以根据自己的色彩属性和形象特征，创造出崭新的自我形象，彰显个性和魅力。如果你有决心和勇气，那么此时你手里的这本书，就将作为色彩顾问为你效劳，助你打造绚丽多彩的人生。

黄桢善

第一步 ⋯⋯ 基础色彩

进阶色彩  第二步

第三步　秘密色彩

时尚色彩  第四步

第五步 ·········· 妆容色彩

形象色彩 · · · · · · · · · · 第六步

第一步 STEP1
基础色彩

弃衣着色，增辉之智
掌握原理，奇色自现
多彩纷呈，始于色相
光影斑驳，源自明度
浓墨淡彩，纯度变化
百态千姿，色调定型
色即是相
红色——璀璨夺目，万众聚焦
橙色——奇思妙想，创意无限
黄色——欣荣兴奋，欢畅惊奇
绿色——勤勉坚韧，沉稳持重
蓝色——诚实信用，享誉八方
紫色——富足丰腴，华丽高贵
粉色——温暖柔美，女性特质
棕色——自然和大地之色
白色——单纯无瑕，清净素雅
灰色——保守洁净，沉稳平衡
黑色——权力和支配，优雅和品位
俗得不能再俗的黑色？教你如何穿得靓

弃衣着色，增辉之智

      在评价一个不太了解的人时，我们经常会用到"第一印象"这个概念，而这"第一印象"多来自此人的外表和言谈举止。这时，衣着的地位就显得极为重要。服装虽然是由色彩、设计、用料等多方面因素综合而成，但色彩却是最先传递出的信号，也是评价一个人第一印象时最感性的标准，这也是我们先于服装设计来理解服装色彩的原因。观察周围那些时尚达人，他们共同的特点就是对色彩搭配运用自如。相信再普通的人，只要掌握服装色彩搭配的技巧，就能成为一个与众不同的人。

无论是早上翻衣柜找衣服，还是在商场里选衣服，最让人头疼的还真就是配色问题。颜色稍微有点差池，整体感觉就大相径庭。配对了，处处逢源，迎面无论是谁，都感觉你神清气爽、光彩照人；配错了，人家嘴上不说，心里可直接把你划入"歪瓜裂枣"之列了。所以，要想获得魅力十足的第一印象，就得理解色彩、驾驭色彩。有时候，村姑和名媛的距离，并不在几摞书或者几摞钞票，而在于你是不是每每都能穿出为你加分的颜色。

掌握原理，奇色自现

　　有这么一类人，他们借口说自己天生色彩感差，一年到头都"执著"在那么一两种颜色上。连大自然都春红、夏绿、秋金、冬白地变换着色彩呢，真不知道这类人是太懒，懒得考虑颜色对自我的塑造作用，还是太胆小，怯于尝试新变化。另外，还有那么一类人，他们自诩天生色彩感卓越，敢于在服装色彩搭配上天马行空，牛头不对马嘴，自己却浑然不觉。虽然也有瞎猫碰上死耗子恰巧配得合适的时候，但毕竟是小概率事件。无论怎么说，色彩也是根据季节、流行趋势和设计变化而变化的多元化表现形式。不然全世界那么多城市，为什么只有巴黎和米兰才称得上是时尚之都，全世界那么多做服装的人，为什么只有范思哲和阿玛尼等少数几个人才能被称得上是时尚大师。

其实，色彩感也不是什么天赋才能，而是一门学问，是像其他门类知识一样的理论加实践的经验运用。

不过话又说回来，色彩还真不是什么高深的学问。色彩知识的基础，不过是大家小时候都在美术教科书里学过的色相、明度、纯度（又称饱和度）这三个属性以及色调这个概念。只要理解了这些基本原理，就再也不用抱怨什么色彩感，也不用担心跟不上潮流。不管你今年20岁、30岁还是40岁，不管你喜欢田园清新型、知性干练型还是温柔贤惠型，不管你心里想把自己塑造什么样的形象，立刻就能通过颜色搭配在镜子里实现出来。练就这种本领的第一步，就是一项一项地学习色彩原理。这个时候不得不唠叨一句，任何学习过程都难免枯燥，估计各位看官学习色彩的过程也如此，懒得记或者记不住也没关系，实际搭配服装时参考本书条目即可。重要的是，各个概念，要用心理解。

多彩纷呈，始于色相

色相是指红、黄、蓝等颜色的色彩属性。在各种颜色一起呈现的时候，是红、是黄、还是蓝，是我们眼睛最先进行的判断。因此，进行服装色彩搭配时，色相是十分重要的基准。色相呈圆环状排列的图形叫做"色相环"。如果能理解色相环的原理和构造，驾驭色彩就指日可待了。这一点，大家一定要好好记起来。

我们所熟知的颜色的三原色——红、蓝、黄，它们更加准确的名字应该是"品红色"、"青色"以及"黄色"。这三种颜色两两混合所得到的颜色被称为"间色"。红和蓝混合得到青紫色，蓝和黄混合得到草绿

Hue

色，这样的"间色"就成为三原色的过渡色，使得整个色相环的过渡看起来更加柔和和变化多样。而此时，像黑、白、灰这类无彩色，并未被包含在色相环之中。

必须记忆色相环的理由是：单一颜色塑造的形象毕竟是少数，大多数人的服装还是由两种以上的颜色构成。如果脑海中有一个色相环，那么就能在色彩搭配时，比别人更胸有成竹了。

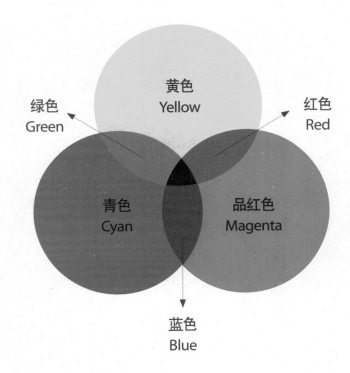

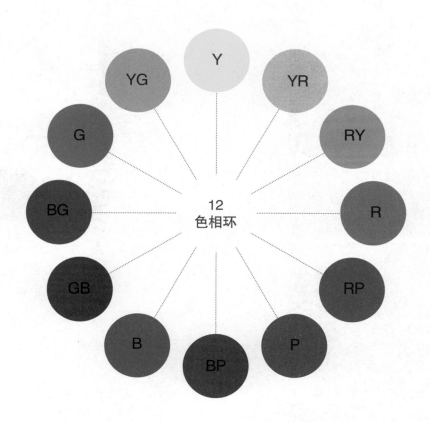

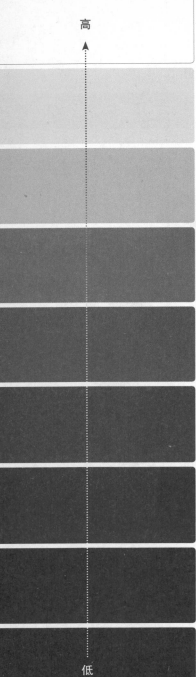

明度
Value

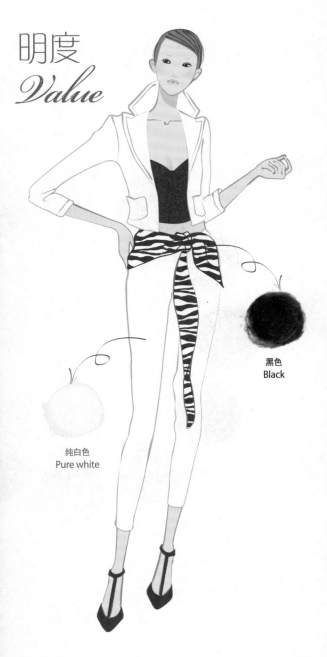

黑色
Black

纯白色
Pure white

高
↑
低

光影斑驳，源自明度

明度（Value, Lightness）指的是颜色亮和暗的程度。明度高，意味着颜色亮并且具有流动感；明度低，意味着颜色暗并且具有停滞感。明度最高的颜色是白色，最低的是黑色。有彩色方面，越接近白色，明度越高，越接近黑色，明度越低。有彩色因未掺杂黑色或者白色，故称作"纯色"，颜色本身有亮暗，因此有彩色也有明度变化。有彩色中明度最高的为黄色。

把不协调的颜色搭配协调，或者用同一种颜色穿出不同的效果，靠的都是颜色的明度变化。颜色的明度差异大，对比就会强烈，视觉效果就会鲜明。同样地，若是颜色的明度差异不大，看起来就会显得稳重沉静。如果明度差异极小或者几乎没有，那么就会烘托出神秘的氛围。怎么样，灵活运用颜色明度上的技巧，在服装搭配上自然能够技高一筹吧？

低

高

饱和度
Chroma

清亮红色
Clear Bright Red

浅橙色
Light Orange

浓墨淡彩，纯度变化

　　饱和度（Chroma, Saturation），亦称色品，指颜色浓淡的程度。饱和度高，意味着颜色强烈鲜明；饱和度低，意味着颜色黯然浑浊。色相环中的纯色，饱和度都很高。纯色中掺杂的无彩色越多，饱和度就越低。饱和度是在有色相的前提下存在的，因此无彩色没有饱和度。看到这儿，各位也许开始心里犯嘀咕："饱和度低的颜色和明度低的颜色到底有什么区别？"或者"颜色越亮，是不是就是指饱和度越高呢？"其实，最亮的白色和最暗的黑色，都属于无彩色。因此，再亮的颜色，只要离白色越近，就表明它的饱和度越低。

　　饱和度越低，就越显得稳定，越能体现出一种特别的优雅感。如果服装各个颜色的饱和度相近，个人整体感觉就会呈现出娴静温顺的气质；而如果饱和度差别较大，气质就会转向奢华高贵；倘若饱和度介于两者之间，不温不火，无论是什么色相搭配，都会显示出冷静凝练的风范。如果能灵活运用饱和度的知识，再平凡的颜色都会被挖掘出深度，从冷艳一直变幻到热烈。即使明度和色相上局限再大，只要好好在饱和度上做文章，也能让人目不暇接。

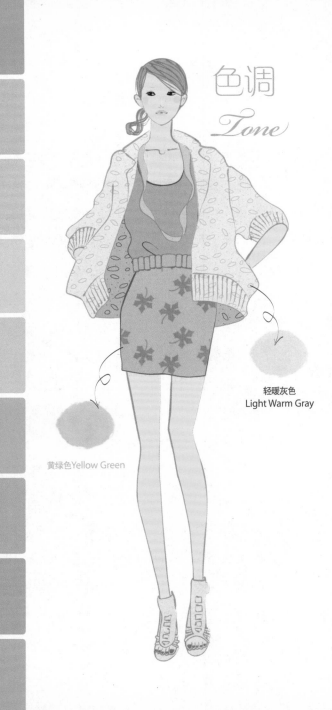

色调
Tone

轻暖灰色
Light Warm Gray

黄绿色Yellow Green

百态千姿，色调定型

前面提到过，颜色有色相、明度和饱和度三种属性。倘若同时考虑明度和饱和度这两种属性，即是"色调（Tone）"。在纯色中添加白色，会使其明度提高、饱和度降低，于是颜色会变得明亮而柔和，却毫无稀薄或者刺眼之感。在纯色中添加黑色，会使其明度和饱和度都降低，于是颜色会变得深沉、浑浊且晦暗。

如上所述，明度和饱和度常常一同变化。依据这种调配而出现的各种色彩变化现象，我们称之为色调的变化。因此，相同的色相，色调不同，所展现出的形象会不同；不同的色相，色调相同，所展现出的形象也会相似。

颜色搭配中所体现出的生硬和柔软，是由色调，即明度和饱和度同时控制的。明度高、饱和度低，则颜色搭配柔顺温和；明度低、饱和度高，颜色搭配则生硬铿锵。

色即是相

    服装是展现真实自我的手段之一，服装色彩尤其能体现自我个性。某个人被某个特定的颜色所吸引，对其执著，是这个人性格、人生经历、固有观念或者连自己都没有意识到的、根植于内心深处的欲望共同作用的结果。因此，人们常常是根据心理因素选择色相。某一段时间热情自信了，眼里只有红色的服装；某一段时间垂头丧气了，即便明知鲜艳的颜色最适合，也有意避开。由此看来，说服装颜色是心理状态的晴雨表就再合适不过了。

颜色还是一种可以传递形象的沟通工具。约会的时候，为表达爱意而穿粉红色；聚会的时候，为引人注目而穿橙色；办公的时候，为体现勤勉而穿草绿色；开会的时候，为体现商务规则而穿灰色……因此，在选择服装颜色的时候，既要考虑颜色中所隐藏的心理因素，又要考虑自我形象向谁展示以及怎样展示，这样才可使展示效果达到预期。

| 山莓红色
Raspberry |
| 玫瑰红色
Rose Red |
| 草莓红色
Strawberry |
| 葡萄酒红色
Wine Red |
| 海棠红色
Begonia |
| 褐红色
Marron |
| 深紫红色
Burgundy |
| 番茄红色
Tomato Red |
| 宝石红色
Ruby Red |

RED

红色——
璀璨夺目，万众聚焦

**适合天性积极活跃、
舞台感极佳的人士**

    红色给人热情奔放、积极活跃的印象，可促进能量的散发，这源于红色有能够促进肾上腺素分泌的作用。

    好奇心旺盛、单纯活泼、性格外向的人，更偏爱红色。还有些外冷内热的人也偏爱红色。在需要发挥领导力的时候，面临重要决断而勇气不足的时候，士气低落的时候，红色是能量供给之源。另外，在希望刺激对方、摆脱沉闷或者制造声势的境况下，善用红色也会起到良好的效果。不过，越是强烈的颜色，使用过多越会引起人们的视觉疲劳，这一点应引起大家的注意。

橘红色
Chinese Red

蜜桃红色
Peach

橘黄色
Mandarin Orange

金黄色
Golden Yellow

杏黄色
Apricot

胡萝卜黄色
Carrot Orange

焦黄色
Burnt Orange

菊花黄色
Marigold

南瓜黄色
Pumpkin

ORANGE

橙色——
奇思妙想，创意无限

适合满脑子
都是好点子的智多星们

　　橙色能够使人的五官提高敏感度。另外，橙色还有刺激食欲的作用。橙色是各种颜色中最先映入眼帘的颜色，可用于增强印象。橙色同蓝色或者白色搭配，对比强烈，能够烘托出卓尔不群之气势。但如果滥用，易落得"画虎不成反类犬"。橙色也可营造异域风情，但应注意要运用得恰到好处，因为强烈的橙色会刺激神经，很容易使人产生疲劳感。橙色还是室内设计领域最受青睐的颜色。家人时常聚集的客厅或者厨房，用橙色为主色调最适合不过，房间气氛明丽活泼，一家人其乐融融。

　　喜爱橙色的人多有服务奉献精神，对任何事情都投入热情，以他人的快乐为快乐。

乳黄色
Cream Yellow

草黄色
Straw Yellow

柠檬黄色
Lemon Yellow

镉黄色
Cadmium Yellow

芥末黄色
Mustard

玉米黄色
Maize

橘黄色
Saffron Yellow

蜜黄色
Honey

竹黄色
Bamboo

YELLOW
黄色——
欣荣兴奋，欢畅惊奇

适合领导力
超群的统帅们

　　黄色是最接近于光的颜色，也被称为发光的颜色。明朗与活跃、欣喜与希望迸发，具有决策的节奏和力度。喜欢黄色的人头脑灵活，社交能力强，富有幽默感，时常能够成为团队的核心人物。不过，黄色同时也是孩童们所喜爱的颜色，也很容易给人造成幼稚的印象。鲜黄色给人以年轻活泼的感觉，浊黄色给人以稳重成熟的感觉。

　　黄色具有刺激大脑和运动神经的作用，最适合驱除消极低调的情绪。另外，黄色还有集中视线的作用，可以传递"看这里"或者"这个不一样"的信息。想要营造阳光般温暖和煦的氛围时，黄色也是首选。但是，如果在人长期待着的环境中过度使用黄色，会使人注意力发散，这一点应谨记。

叶绿色
Leaf Green

果绿色
Apple Green

森林绿色
Forest Green

橄榄绿色
Olive Green

钴绿色
Cobalt Green

孔雀绿色
Peacock Green

海绿色
Sea Green

冬青绿色
Evergreen

翠绿色
Jade Green

GREEN

绿色——
勤勉坚韧，沉稳持重

适合热爱和平、自然、
宁静致远的田园居士们

　　绿色象征着和平、平安、自然及和谐，有着安神怡心的
作用。偏爱绿色的人有着卓越的协作精神和平衡感，内心温
和平静，率真无邪。因本性不喜动怒，与世无争，故有尽量
迎合周边人和事的倾向。

　　绿色可镇定大脑兴奋。人在疲惫的时候，绿色也更容易
为视网膜所接受。因此，在室内摆放绿色植物、穿绿色系的
服装或者佩戴绿色系的首饰，都会起到安神宁绪的功效。若
想以清爽的形象示人，绿色中点缀黄色最为相宜。若稍稍增
大黄色的比重，则会使人显得更加明丽俏艳、风姿绰约。但
是需要注意，黄色本身有感性、欢快之氛围，使用过多将会
覆盖绿色所要传达的信息。

绿松石蓝色
Turquoise Blue

青蓝色
Cyan

宝石蓝色
Aquamarine

海蓝色
Marine Blue

靛蓝色
Indigo

紫蓝色
Hyacinth

天蓝色
Sky Blue

勿忘草蓝色
Forget–me–not

品蓝色
Royal Blue

BLUE

蓝色——
诚实信用，享誉八方

适合向往和谐生活、
正直诚实的人士

　　蓝色有镇定和净化心境的效果，因此也被称为自省之色。喜欢蓝色的人通常是理性派，对任何事情都从客观角度出发，通过冷静的判断下结论。同时，这类人忍耐心极强，韧性足，在处事方式上也不失感性的魅力。大家也许注意到，办公室或者图书馆等场所的内部装修色多为蓝色，这是因为蓝色可在人的副交感神经系统内部发生作用，能够使人安心定神、集中精力。另外，蓝色系中的亮青绿色也有强心健体的功效。

　　蓝色象征着信赖和保守，因此在商务贸易裁决等需要诚信合作氛围的场合，使用蓝色系着装会事半功倍。但是，在沟通创意或者表达自我时，不宜使用蓝色，否则会使过程显得枯燥单调。

紫罗兰色
Violet

泰尔紫色
Tyrian Purple

兰花紫色
Orchid

丁香紫色
Lilac

紫藤色
Wisteria

品红色
Magenta

紫水晶色
Amethyst

紫罗兰色
Pansy

紫红色
Mauve

PURPLE

紫色——
富足丰腴，华丽高贵

适合自我意识强烈、
品位独特的艺术家

　　紫色综合了红色的力量和蓝色的优雅，自古就是高贵的象征。紫色能传达直观性、洞察力、想象力、自尊心以及与习俗、积极相关的信息，象征着优雅、品位、华丽和神秘，极具个性。喜爱紫色的人，有极高的审美水平。紫色融合了红色的热情和蓝色的孤独，有时也传递出情绪不安以及疾患、忧郁症等复杂的心理状态。

　　若想表现女性的柔美，紫色是最佳选择，淡紫色尤其容易营造出大家闺秀的气质。另外，如果想鹤立鸡群，紫色也可助一臂之力，能凸显出与众不同之感。但是，紫色个性强烈，如果使用不当，很容易显得矫揉造作，应加以注意。

婴儿粉色
Baby Pink

虾红色
Shrimp Pink

贝壳粉色
Shell Pink

玫瑰粉色
Rose Pink

葛粉色
Bougainvillea

玫瑰粉色
Old Rose

曙光粉色
Dawn Pink

珊瑚粉色
Coral Pink

鲑鱼肉粉色
Salmon Pink

PINK

粉色——
温暖柔美，女性特质

粉色是柔软、幸福和可爱的代名词，可以缓解攻击性情绪，象征着女性特质和温和，在改善不苟言笑的严肃形象上效果卓越。粉色还有促进女性荷尔蒙分泌、提高其满足感的作用，因此也多用于需要安慰、鼓励情绪的场合。

喜爱粉色的人都心地温和善良，文静淡雅。粉色的柔软让人联想到花的芬芳和浪漫的氛围，在化妆品和女性服饰应用上备受青睐。但是，粉色也不是到处适用的"老好人"，某些时候会给人以不诚实和性格多变的感觉。因此，身着粉装，最好不要参加有关面试或者进行晋升、加薪协商的场合。

棕褐色
Tan

铁棕色
Vandyke Brown

卡其色
Khaki

咖啡棕色
Coffee Brown

浅黄褐色
Fawn

巧克力色
Chocolate

香槟色
Champagne

古铜色
Bronze

棕土色
Umber

BROWN

棕色——
自然和大地之色

适合重视
亲情和友情的人士

　　象征着大地、稳定和决心等形象的棕色是暖心之色，而且还是家居装潢的基调之色。深棕色常蕴涵着古典之高贵，浅棕色则营造出自然和谐之氛围。棕色多为品格坚实、意志坚强的人士所喜爱，代表着处事不惊、临危不乱的风范。这类人同时具有较浓厚的怀旧情结及较高的时尚敏感度。

　　棕色被用在商务场合，代表包容和冷静。尤其是在强调移山倒海之强力时，比起极端的黑色和红色，棕色更加含蓄，效果也更好。营造自然和谐的氛围时，米色也是上佳之选。如果棕色或米色使用过于频繁，会有过于沉闷的倾向，应点缀亮的强调色以活跃气氛。

| 雪白色 |
| Snow White |

| 乳白色 |
| Milky White |

| 纯白色 |
| Pure White |

| 珍珠白色 |
| Pearl White |

| 柔白色 |
| Soft White |

| 羊皮纸色 |
| Parchment |

| 米白色 |
| Off-white |

| 牡蛎白色 |
| Oyster White |

WHITE

白色——
单纯无瑕，清净素雅

适合自我防御、公平
意识强的草根阶级

　　白色虽容易让人联想到保守、单纯、正直、懵懂、干净等词汇，但也容易给人造成大脑空空、毫无想法的感觉。白色的纯洁和正直的意义来自于传统的新娘婚纱。当传递出自己正直的形象时，白色服饰是最佳的选择。白色沾染灰尘的风险最大，有些人也以此为理由拒绝它。

　　喜欢白色的人多为正直认真、理想崇高的完美主义者。他们诚实可靠，同时也重视事物的实用性和功能性。在室内装修方面，比起耀眼的白色，米白色、灰白色或者象牙色更适宜。另外，白色还有驱除陈旧、开创崭新未来之寓意。除了上述中的单纯，白色有时也传递出冷酷、人工、平凡、廉价、一次性等信息。

炭灰色
Charcoal Gray

烟灰色
Moss Gray

玫瑰灰色
Rose Gray

灰褐色
Taupe

珍珠灰色
Pearl Gray

青灰色
Slate Gray

鸽羽色
Dove Gray

炮铜色
Gunmetal

天灰色
Sky Gray

GRAY

灰色——
保守洁净，沉稳平衡

适合自信独立、
时常自省的人士

　　灰色是黑色和白色的混合色，代表着不那么极端地坚持自己的主张，同时又不失主心骨的中庸风格。灰色给人以尊敬、中立、危险之感。同时，灰色聚集了所有暗淡色彩的光泽和功效，在体现智慧和宽容品格的职业装应用上，灰色最受青睐。

　　喜欢灰色的人具有极佳的平衡感，同各种类型的人都能保持融洽的关系，一方面能谨慎感知周边环境，一方面能保持内心谦逊。虽然周全，但灰色有时也不免有迷失个性之感。灰色毕竟不是凝练的强调色，如果过度使用，会消磨自身特性，甚至会显露出烦躁、忧郁和不实之感。灰色是不显山、不露水的低调之色，若想获得引人注目的效果，最好避免这种颜色。

象牙黑色
Ivory Black

乌檀黑色
Ebony

灯黑色
Lampblack

打火石黑色
Flint

烟黑色
Smoke Black

暗影黑色
Dark Shadow

黑深蓟色
Dark Thistle

炭黑色
Carbon Black

BLACK
黑色——
权力和支配，优雅和品位

适合重视传统、
封闭内心的人士

黑色意味着形式、凝练和力量，象征着决策力强的高风险职业。同时，黑色善于体现权重感。黑色虽然有覆盖一切色彩之"特权"，但是比起它保护色的形象，黑色更给人以压力。因为没有色相，在表现冷酷或者缓慢移动时，黑色的衣着效果更显著。

喜爱黑色的人多具艺术才能，不愿受人牵制或干涉，自我意识分明，桀骜不驯。在搭配服装时，因为百搭，黑色最受青睐。但另一方面，黑色有冷淡消极之感，在阴霾的天气里最不适宜穿着该色系的服装。

色彩小
贴士–1

俗得不能再俗的黑色?
教你如何穿得靓

　　根据面料的不同，黑色服装既可阳春白雪又可下里巴人。黑色谁都能穿，可是谁穿上都不出彩。即使是很适合穿黑色的人，穿着效果也会因境况而异：有些场合穿会显得过于严肃，有时白天穿会显得燥热沉闷。在面料的使用方面，黑色系的亮片或者半透明薄纱类材质，虽然是聚会场合最常见的衣着面料，但若是一大清早就穿出门，就不是那么回事了，这就不符合TPO原则❶了。

　　纯黑色服装最适合的面料是较滑较薄的材质。在没有花纹的黑色服饰上点缀黑色或白色的印花，或者使用较薄的黑色绸缎，视觉效果会很好。与其他颜色相比，黑色在搭配上最难把握的一点就是如何添加点缀色。

---

❶TPO原则：即着装要考虑时间（Time）、地点（Place）、场合（Occasion）。——译者注

款式1
Style 1

　　黑色最易同其他颜色形成对比，其中与黄色的对比效果最明显。选择明黄色时，不要超过整体色彩比例的30%，外衣或裤子选择黑色较为稳妥。不过，如果黑色直接连接脖颈肤色，会使脸蛋更明显。

款式2
style2

　　根据配饰和妆容的不同，黑色连衣裙也会有不同的穿着效果。不要忘记这个能轻松塑造美好视觉曲线的好方法。

全身以黑色主打时，如果能
灵活运用各种材质，如皮革、丝绸
等，将会有意想不到的华丽效果。

第二步 STEP2

进阶色彩

色，以众彩纷呈为美
色感来自配色之道
同色系颜色搭配，何时何地总相宜
塑造凝练冷静的形象，邻近色相辅相成
塑造华丽醒目的形象，对比色相得益彰
灵活洗练的形象，层次转换来演绎
挖掘各个色相的个性，逐个隔离
点睛之笔——来自特点强调法
协调的关键是色彩的平衡
统一感来自色调
挖掘隐藏在色调中的形象
消化生动色调的妙招

色，以众彩纷呈为美

　　这里想要再次强调，衣着色彩是一个人第一印象的首要评判信息，同样，也是转变个人风格时最容易的切入点。再加上身着单色的情况毕竟占少数，于是色彩搭配就成了评判服装搭配是否协调的关键因素。从观察者的角度考虑，服装配色应该和谐，让人看起来舒服，要核查配色是否同主题、用途、目的等相适应。同时，不要单凭或者偏信于个人喜好、直觉选择配色，也要从色相、明度和饱和度这三个属性入手考虑。

关于配色的入门技术，就是要把握整体的协调感和颜色变化的韵律。另外，还要掌握根据色彩面积比例进行形象塑造的配色方法。例如，亮色面积稍小、浊色面积稍大，以3∶7或1∶9的比例搭配，将会展现出亮丽、爽朗、均衡的风采。

色感来自配色之道

　　虽然个人对色彩有喜恶之分，但是颜色本身并没有干净的或者是肮脏的分别，只是通过色彩的搭配，才会呈现出或清明、或浑浊的视觉效果。同样，色彩的协调与否也不是客观定律，而是随观察者心情的变化而变化。无论是服饰还是室内装修，都很少有以一色定乾坤的状况，大多都是几种颜色互相搭配。同样的色彩，组合不同，效果也各异。因此，若想随心所欲穿出自己的风格，就必须从基本的配色方法学起。

"色彩的搭配"虽说从理论上意味着"配色的技术"，但说到与之相关的实际定律或者标准，其实一条也没有。新方法会引领新潮流，色彩的搭配有色相搭配和色调搭配两种。让我们一起来学习一下基本的配色技术吧。

同色系颜色搭配，何时何地总相宜

"同一色相（Identity）协调法"，是指将色相环上相同的色相，根据明度和饱和度变化进行配色的方法。例如，象牙色+米黄色+棕色搭配、青色+天蓝色搭配、紫色+薰衣草色搭配、奶油色+黄绿色搭配等。使用同一色相协调法，失败率较低，搭配门槛低，而且效果和谐，是一种事半功倍的方法。但是，这种配色方法的变化和活动性欠缺，最没风险的也是最容易"混于众人"的。

因此，对相同色相进行协调组合时，明度对比越明显越好。针对饱和度较高的颜色，进行亮暗明度对比，会产生鲜明深刻的效果。此时要注意的是，在明度上已经出现鲜明对比的情况下，不宜再进行饱和度对比，否则会和明度对比针锋相对，容易两败俱伤，使效果大打折扣。

同一色相
Identity

奶油米色
Milk Beige

咖啡棕色
Coffee Brown

30°

玫瑰米色
Rose Beige

同一色相

塑造凝练冷静的形象，邻近色相辅相成

"邻近色相（Similarity）协调法"，是指将色相环上主调色相与相邻色相进行搭配的方法。例如，以黄色为中心，配以黄绿色、橘黄色、大红色等邻近色相。

这种配色方法的特点是，每一种颜色都包含中心色彩，协调度也随之提高，因此，得到的配色效果也是柔和、温顺的，比起"同一色相协调法"更加生动，不那么单调。

不过使用这种配色方法得到的效果也仅是刚刚摆脱单调，仍会给人以冷静、稳定之感，若想达到最鲜明活泼的视觉效果，须采用纯色间的搭配。当然，在明度和饱和度上进行适当变化也可出彩。

邻近色相
Similarity

品红色
Magenta

橘红色
Orange Red

浅金黄色
Light Clear Gold

邻近色相

塑造华丽醒目的形象，对比色相得益彰

"对比色相（Contrast）协调法"，是指将色相环上位置相对或者距离较大的颜色进行搭配组合的方法。例如，处于色相环对立位置的蓝色+橘黄色、黄色+紫色、蓝色+黄色、青翠色+紫色等的搭配。由于对比鲜明强烈，对比色相协调法常常给人以华丽和现代之感。

与前述的"近似色相协调法"相比，"对比色相协调法"可挖掘的内容更深，可玩的花样也更多，可体现卓越的审美能力。倘若想要展现强势、活跃、积极的形象，应少用深色、多用浅色，并且应在明度、饱和度和用色面积上多花心思。

对比色相
Contrast

浅橙色
Light Orange

浅青色
Light True Blue

浅暖米黄色
Light Warm Beige

90°

对比色相

灵活洗练的形象，
层次转换来演绎

　　"层次转换（Gradation）配色法"，是指将相同色相在色调上进行阶段性变化或者在色相搭配上进行阶段性变化的方法，能够给人以韵律感和灵活感。例如，同色系的颜色，进行明度和饱和度的顺次变化，或者自红色至紫色进行阶段性的排序搭配。对颜色进行层次排序后，可引导视线的起伏，使其感知韵律，所以这种配色方法的效果，就是似水灵秀跃动、如山凝练深沉。设计越简洁，效果越明显。另外，服装层次较多时，对面料的光泽和对服装的长短进行变换，或者对重叠部分使用不同颜色，可以营造出神秘气氛。层次转换配色法主要应用在这种情境下，朦胧隐约，欲说还休。

层次转换
Gradation

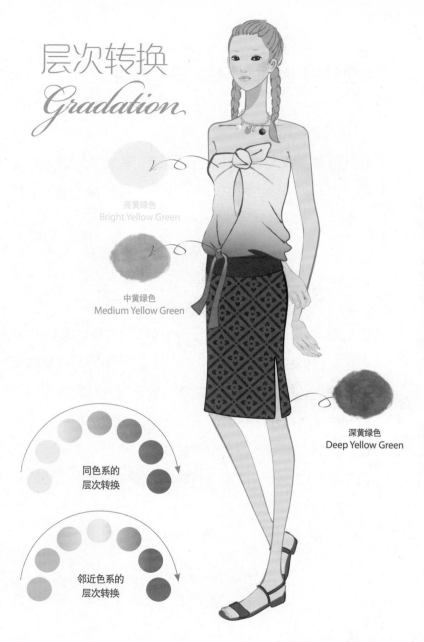

亮黄绿色
Bright Yellow Green

中黄绿色
Medium Yellow Green

深黄绿色
Deep Yellow Green

同色系的
层次转换

邻近色系的
层次转换

挖掘各个色相的个性，逐个隔离

"隔离（Separation）配色法"，是指众多颜色在一起搭配时，插入某种隔离色，创造新的协调感的一种方法。例如，以白色为中央色，上下搭配其他颜色，或者以黑色或者近似深色作为其他颜色的隔离带。

这种方法首先激活了原来的配色体系，在此基础上，又产生出新的配色效果。与"对比色相协调法"相比，没有那么棱角分明、极端强势。同时，又将"同一色相协调法"和"邻近色相协调法"的呆板或单调激活。隔离色选择黑色或者白色，能更加衬托出色彩的个性，使配色效果醒目鲜活。在"隔离配色法"中，无彩色虽适宜，但是金色或银色的效果会更佳，在隔离配色法中使用有彩色要注意均衡搭配，将会创造出独特的韵味和风格。

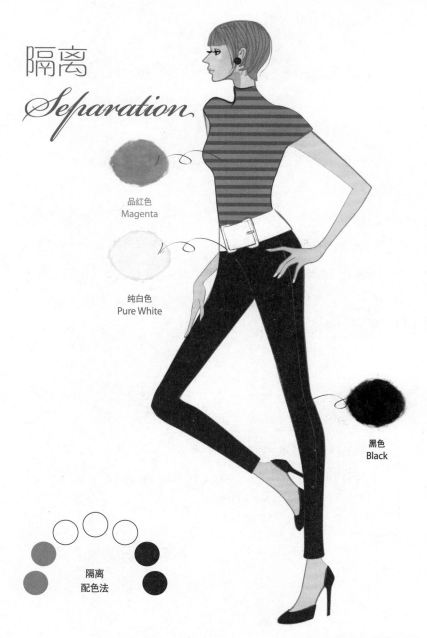

隔离
Separation

品红色
Magenta

纯白色
Pure White

黑色
Black

隔离
配色法

点睛之笔——来自特点强调法

"特点强调（Accent）配色法"，是指在原有的单调配色或者复杂色调基础上，加入单一色相或者色调，以制造视觉焦点，起到凸显整体效果的方法。例如，在黑色或白色的无彩色色系正装里，以纯色的红色或黄色衬衫作点缀。底色和强调色之间形成对比，可以使视线停留在强调色上。以强调色为中心进行配色组合，强调色的面积越小，强调效果就越明显。在使用时，应对用色面积进行斟酌度量。

这种配色方法适用于简洁的设计，能够彰显出强烈、凝练的印象风格。如果单调呆板的底色上有一点强调色，由视线集中而带来的紧张感会使精神为之一振，十分提神。"万绿丛中一点红"说的就是这个意思。

强调
Accent

纯红色
True Red

黑色
Black

中纯灰色
Medium True Gray

强调
配色法

协调的关键是色彩的平衡

　　说到服装色彩协调，不单指颜色间的搭配，颜色的使用比例也十分重要。有三种功能色，渲染氛围基调的基础色（Basic Color）、凸显整体形象的衬托色（Assort Color）以及激活形象的强调色（Accent Color），应根据三者的功能协调分配。

　　在实际着装搭配过程中，虽然用色很多，但只要掌握好上述三种功能色的搭配比例，基本上可以避免服装配色的失败。

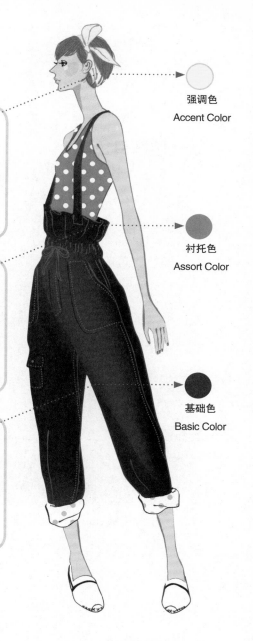

强调色

Accent Color

衬托色

Assort Color

基础色

Basic Color

强调色（Accent Color）

　　起聚焦作用的颜色，使用面积约占整体面积的10%，多采用让眼睛为之一亮的颜色，常出现在配饰、领带、围巾等服饰配件中。

衬托色（Assort Color）

　　呼应基础色，凸显整体形象，使用面积约占整体面积的25%~30%，多出现在衬衫、靴子、包等上面。

基础色（Basic Color）

　　也被称为"主调色"，是渲染氛围基调的颜色，使用面积约占整体面积的70%，常用于连衣裙、外套等服饰上。

统一感来自色调

　　粉色、黄色、蓝色、草绿色，这几种颜色搭配在一起，看起来花花绿绿的。不过，就算色相繁多，只要明度和饱和度一致，或者说色调一致，那么这样的搭配还是很讨人喜欢的。在使用多种色彩又希望保持形象的一致性和统一性时，就会用到名叫"色调协调法"的配色方法。在观察者看来，相同色调下的不同色调传递出的信息差别不大。例如，同为粉白色系的粉红色和粉蓝色，虽在色相上大相径庭，但在观察者眼里却大同小异，都传递出温柔可爱的信息。

　　根据色调不同，服装颜色形象也不同。在生动（Vivid）、强烈（Strong）等饱和度较高的色彩区域的华丽色调，常用于休闲装或运动装，给人以积极活跃的感觉。在明亮

（Bright）、浅淡系色组（Pale）、轻盈（Light）等明度和饱和度都较高的色彩区域的明亮色调，常用于散发着浪漫气息的服装，给人以温和、可爱和灵敏的感觉。浅灰系色组（Light Grayish）、灰色系色组（Grayish）、柔软（Soft）、阴沉（Dull）等中等明度的朴素色调，常用于优雅、古典的田园或少数民族风格，给人以冷静、平稳的感觉。深暗（Deep）、黑暗系色组（Dark）、深灰（Dark Grayish）等低明度的暗色调，常用于正装，能够营造出严肃的氛围或者传递出男性忠厚的形象。由此可以看出，每种色调都各有千秋，能够演绎出万紫千红的缤纷。

挖掘隐藏在色调中的形象

本书中关于色调和形象关系的理论说明，采用了日本色彩研究所主张的"日本色研配色体系"（Practical Color Coordination System，PCCS)。该体系以明度和饱和度为坐标，将除无彩色之外的颜色分成了12个色调组，可用于服装设计。为了实现更好的配色效果、细化色彩属性，也可根据明暗、强弱、浓淡差异对相同色相的色相环进行分类。

PCCS色调系统将色彩所携带的信息以色调为单位进行重新归类，即色调一致的颜色，即使色相不同，所传递出的感性信息也是一致的。因此，只要通晓了色调信息，就可毫无负担地使用该色调下的任何一个颜色，因为它们传递出的信息差别不大。

色调&印象
Tone & Image

明度

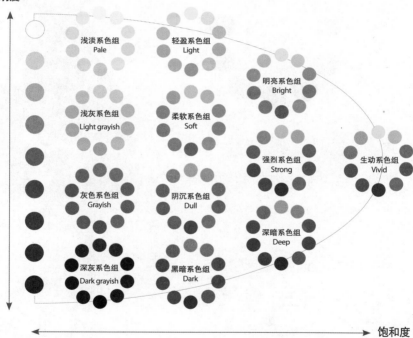

浅淡系色组
Pale

轻盈系色组
Light

明亮系色组
Bright

浅灰系色组
Light grayish

柔软系色组
Soft

强烈系色组
Strong

生动系色组
Vivid

灰色系色组
Grayish

阴沉系色组
Dull

深暗系色组
Deep

深灰系色组
Dark grayish

黑暗系色组
Dark

饱和度

资料来源:"日本色研配色体系"的颜色–色调图 (COLOR–TONE CHART of PCCS)

Vivid

生动系色组
Vivid

以红色、黄色、橙色、绿色等12种基本色为中心组成的华丽的原色色调。该色组传递出鲜明活跃的形象信息，容易引人注目，同无彩色搭配，会更加华丽强烈，适于强调自由奔放的休闲风格、运动风格以及Pop风格。

Strong

强烈（Strong）

　　给生动系色组中的颜色添加少许中度明度的灰色，就形成了如图所示的强烈系色组。该色组虽比生动系色组略显浑浊，但每个颜色都更加强势，传递出华丽、活跃、积极的形象信息。

强烈系色组
Strong

Bright

明亮（Bright）

明亮系色组
Bright

　　明亮系色组是通过给生动系色组中的色调略微添加少许白色形成的，颜色显得更亮、更干净。这种色组多用于宝石的色彩设计，生动、鲜明、光彩照人。这种色组也常用于表现靓丽明朗的形象，适合艳丽的正装系设计和放飞心情的轻松游戏风格服装设计。

Light

轻盈（Light）

　　轻盈系色组是通过给生动系色组中的色调加入6倍白色而形成的，同明亮系色组一样清爽。但由于白色比重较大，该色组中的颜色显得更加轻巧柔软，常用于表现女性特质或敏感性格，适用于女性居家服饰的设计。

轻盈系色组
Light

浅淡系色组
Pale

Pale

浅淡（Pale）

　　浅淡系色组是通过给生动系色组中的色调加入10倍白色而形成的，是有彩色中最明亮、也是最柔软的粉白色调。适于表现温暖、敏感、梦幻等浪漫氛围，多用于婴儿服或淑女装的设计。

Soft

柔软（Soft）

　　携带温柔形象信息的柔软系色组，主要由亮而柔并且含蓄的中间色组成，比轻盈系色组中的颜色稍深、稍软，更自然。该色组中颜色的明度和饱和度亮暗浓淡适中，能够营造出温和协调的氛围。

柔软系色组
Soft

Dull

阴沉系色组是通过给生动系色组中的色调加入少量灰色而形成的，色调氛围自然而稳定，多用于象征陶瓷器、大地等高尚事物。该色组中的色调去除了生动色调中的活泼感，复古氛围浓郁，常用于表现感知天地的自然风格。

阴沉系色组
Dull

Light Grayish

浅灰系色组
Light
Grayish

浅灰 (Light Grayish)

　　浅灰系色组是通过给生动系色组中的色调加入少量亮灰色而形成的，给人以沐浴阳光的温暖感。同时，该色组又传递出优雅、知性和凝练的形象信息，柔和微妙的色感显示出女性特质，常用来表现都市的洗练和舒适。

Grayish

灰色系色组
Grayish

灰色 (Grayish)

　　灰色系色组是通过给生动系色组中的色调混合灰色而形成的。该色组中的色调的明度和饱和度都有所降低，显得厚重、冷静和沉着，常用于表现城市的节奏感和尖端精密的风格。

Deep

深暗(Deep)

　　深暗系色组是通过给生动系色组中的色调加入少许黑色而形成的，明度和饱和度都有所降低，透着厚重感和沉着感，传递出高级品位。虽然纯色的生动感有所减少，但冷静中又不失积极，同活跃度高的色彩搭配十分和谐，是能够展现成熟气息的色调。

深暗系色组
Deep

Dark

黑暗系色组
Dark

黑暗（Dark）

　　黑暗系色组是通过给生动系色组中的色调混合黑色而形成的。其色相的华丽感减弱，男性特征凸显，多用于表现格调高贵、古典和传统的庄严气氛。

Dark Grayish

深灰（Dark Grayish）

　　深灰系色组是通过给生动
系色组中的色调加入黑色而形成
的，是明度最低、最暗的色组。
虽然深灰系接近于黑色，但是比
黑色更加厚重、严肃、微妙和
神秘。该色组中色调的饱和度很
低，色彩信息不易被解读，因此
多用于体现男性特征。

深灰系色组
Dark Grayish

消化生动色调的妙招

　　明亮的生动色调搭配黑色我们还是敢尝试的，但是要搭配其他的色彩，我们的胆量或者行动力就不会那么强了，因为稍不小心，就会东施效颦。让我们一起来学习一下生动色调的配色之道吧。

　　生动色调的色彩并非是指从头到脚都明亮无比，白色或者浅灰色调的颜色搭配生动色调的颜色，会十分相宜。例如，黄色和白色衬衫的搭配层次感分明，白裤子配蓝尼龙套头衫也清爽明快，或者两种生动色调的颜色组成相间条纹衫，这也与黑色或者白色以及包含白色因素的服饰相配。这样的例子有很多，像蓝白相间的条纹衫配白色裤子和橙色外衫等。

款式1
Style 1

　　直接大面积使用生动色调，倒不如灵活运用包含生动色调的斑点或印花图案。过分执著于不折不扣的原色间的搭配，容易传达出衣着者钻牛角尖或者言行特异怪诞的信息。

款式2
style 2

整套服装以白色为基调，搭配橘红色腰带、绿色夹克或其他配饰，是对生动色调以小见大的聪明应用。

款式3
style3

　　还要记住，根据面料质感的不同，其表现的色彩感也不同。质感明显的棉布或轻盈的薄绸等面料会使生动色调的负担感减轻。尤其值得注意的是，选用生动色调的厚重面料，对于胖身材的负面影响是致命的。即使对自己的身材很有自信，也应在选择生动色调的面料时加以慎重，尽量选用无光泽的轻薄亚麻或薄绸等。

第三步 STEP3
秘密色彩

色彩的积极形象信息，只有在相配时体现

　　世界上任何事物都有两面性，颜色也一样，任何一种颜色，都带有正面和负面两种形象信息。例如，蓝色既含有诚实、知性等积极因素，也代表冷淡、冰冷等消极因素。去面试时，为展现出诚实可信的形象，选择蓝色夹克，但如果这种蓝色并不是适合自己的蓝色，面试官所接收到的信息就会是负面的，冷淡而消极。

　　相称的颜色可以为穿着者自我形象的积极面提升加分，不相称的颜色则会为之减分。那么，什么是相称的颜色呢?就是与人体的瞳孔色、发色、肤色等都和谐搭配的颜色，相

称的颜色也会给表情带来积极的影响，使整个人变得神采奕奕。博采众长，各种颜色相得益彰，甚至可掩盖彼此的缺点。如果搭配不当，众色之美会互相抵消，无法发挥，有甚者甚至会传递出血色苍白、憔悴病态的形象信息。因此，为打造积极的第一印象，一定要选择适合自己的颜色。

不要错将喜欢的颜色当成相称的颜色

我在讲座或者咨询会上，经常会被问到这样的问题："我喜欢的颜色和与我相称的颜色，这两者有区别吗？"虽然这个问题仁智互见，自己喜欢的颜色也有成为与自己相称颜色的可能性，但是仔细想想会发现，喜欢某种颜色，多是因为喜欢这种颜色传递出的信息。例如，喜欢粉色的人，一般都喜欢可爱、文静等淑女特质。而为人低调的人，在被问及喜欢特定颜色的理由时，多回答这种颜色能给人以稳定感、熟悉感等。

当谈到个人所适合的颜色时，很多人总是说："我适合蓝色，不适合黄色"等，根据色相给颜色和自己划定了界限。其实，无论是谁，都有与自己相称的蓝色或者黄色。所谓相称的颜色，就是与本人肤色相协调，能使整个人看起来活泼生动、神采飞扬的颜色。同一种色彩，用在某些人身上能加分，用在另一些人身上却减分，这是色相、明度和饱和度共同作用的结果。因此，一定要注意，不要错将喜欢的颜色当成与自己相称的颜色。

只有相称的颜色才是美丽的秘密所在

前面刚刚提到，所谓相称的颜色，就是与本人肤色相协调，能使整个人看起来活泼生动、神采飞扬的颜色。我们先来举个例子，比如黑瞳孔、黑发色、白皮肤的人，自身的色彩形成对比，因此要选择鲜明华丽的服饰。如果服装的颜色过于柔软、浅淡，容易给人体弱多病之感。相反，雪青色头发、小麦色皮肤、棕灰色瞳孔，则适合柔软、浅淡的色系。总的来说，根据自身情况选择相称的颜色，拒绝不相称的颜色，是配色的基本原则之一。选择适合自己的颜色，最重要的标准就是，使用这种颜色后，外表会显得更加健康、积极、有魅力，能为自己的形象加分。只有找到与自己相称的颜色，才能算是挖掘到了美丽的秘密所在。

相称颜色的积极效果

· 淡化暗疮、色斑、黑眼圈和皱纹

· 皮肤有光泽，健康有活力

· 脸部曲线干净柔美

· 整体形象诚实大方、风度翩翩

· 内心平和，思想通达，自信满满

· 和蔼可亲，具有亲和力

不相称颜色的消极效果

· 加重暗疮、色斑、黑眼圈和皱纹

· 肤色暗淡，精神疲倦

· 下颌曲线下沉

· 整体形象奸诈轻薄，给人为人不实之感

· 内心浮躁自卑，神经敏感

· 性格冷淡，不近人情

首先将穿衣类型划分为暖色系类型
和冷色系类型

　　我们说，只有找到相称的颜色，才能算是挖掘到了美丽的秘密所在。那么，属于我的神秘色彩又有哪些呢？寻找的方法有很多，但是所有方法的第一步，都是先将穿衣类型划分为暖色系类型(Warm Type)和冷色系类型(Cool Type)。无论是谁，都是属于冷暖色系类型中的一种。

　　暖色系类型指适合暖色系颜色的穿衣类型。一般来说，暖色系颜色的色相都传递出温暖的信息，但是在这个范围内，也有相对冷静的红色或黄色。同样是红色，掺杂蓝色就会稍显清凉。暖色系颜色的共同特征就是都带有温暖的色感，让人感觉温和而感性。

相反地，冷色系类型指适合冷色系颜色的穿衣类型。同暖色系类似，冷色系中也有相对较暖的颜色。例如，在水蓝色中加入橘黄色，色感就变得温暖起来。作为冷色的蓝色同无彩色系的色相混合，也会传递出柔软且理性的信息。

暖色系类型

冷色系类型

进一步将穿衣类型划分为四种类型

　　暖色系类型和冷色系类型只是帮助我们找到自己神秘色彩的第一步，接下来的第二步，我们还要将暖色系类型进一步划分为两种（春季类型和秋季类型）。同样地，也将冷色系类型划分为两种（夏季类型和冬季类型），于是就出现了四种穿衣类型。

　　这种"四季色彩类型"的划分方法，最早是基于德国学者Johannes Itten的理论，后在20世纪80年代初，由美国色彩第一夫人Carroll Jackson创立。将暖色系和冷色系颜色按照四季颜色特点分类，再根据自身肤色、发色和瞳孔色，与四季色彩类型对号入座。自身属温暖柔和的色系，则适合春季类型；属冷静柔和的色系，则适合夏季类型；属温暖深沉的色系，则适合秋季类型；属冷静浑浊的色系，则适合冬季类型。这样理解四季色彩类型，有助于我们掌握配色技巧和表达自我。

暖色系类型

以黄色和金黄色为中心的色调（Yellow Under Tone）

春季类型：适于搭配明度较高的纯色，适合有想法、活泼的人物形象。

秋季类型：适于搭配明度较低的浊色，适合清闲、平静的人物形象。

冷色系类型

以蓝色和灰色为中心的色调（Blue Under Tone）

夏季类型：适于搭配明度较高的柔软色调，适合优雅、柔和的人物形象。

冬季类型：适合搭配明度较低的鲜色，适合冷静、华丽的人物形象。

准确诊断前的预热

"个体色彩诊断"（Personal Color System）是指提升个人气质和优点、为他人传递出积极乐观个人形象的一种方法。属于前述四季色彩类型中的哪一种，要根据个人的肤色、发色和瞳孔色进行判断。天生的色调和正好相称的颜色，就是本书所说的"秘密色彩"。前文所述的四季色彩类型，仅是为了象征颜色、便于联想，才借了四个季节的名字。其实比名字更重要的一点是，要确定到底哪种颜色最适合自己。

无论是谁，都必属四季色彩类型中的一种，但也有人会同时属于几种类型。因此，首先要了解自身颜色属性的倾向。让我们先来完成秘密色彩自我测试 I ，然后再利用本书附录里提供的秘密色彩自我查阅备忘录，进行秘密色彩自我测试 II 。两轮测试之后，我们就能找到属于自己的"秘密色彩"了。现在就让我们开始吧。

地点

测试最好是选在天气好的时候，在自然光充分的房间里进行。白天最好关闭一切照明电器，因为灯光会使所有颜色发蓝或者发白，使诊断结果出现偏差。

核对单颜色

核对单颜色指定了特定颜色的上限和下限，应选择最为接近的颜色。

妆容

一定要素颜进行测试。

头发

如果头发染色了，请以发根部颜色为基准。

服装

身着的服装颜色或许会影响诊断，最好穿白色的上衣。

配饰

配饰或者眼镜的光泽也会影响肤色，在测试时最好不要佩戴。

状态

个人状态对肤色影响很大，状态不好时，不建议进行测试。

秘密色彩自我测试 I

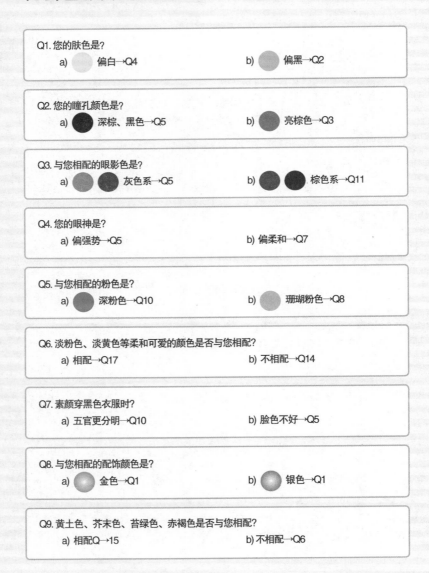

Q1. 您的肤色是?
    a)   偏白→Q4
    b)   偏黑→Q2

Q2. 您的瞳孔颜色是?
    a)   深棕、黑色→Q5
    b)   亮棕色→Q3

Q3. 与您相配的眼影色是?
    a)   灰色系→Q5
    b)   棕色系→Q11

Q4. 您的眼神是?
    a) 偏强势→Q5
    b) 偏柔和→Q7

Q5. 与您相配的粉色是?
    a)   深粉色→Q10
    b)   珊瑚粉色→Q8

Q6. 淡粉色、淡黄色等柔和可爱的颜色是否与您相配?
    a) 相配→Q17
    b) 不相配→Q14

Q7. 素颜穿黑色衣服时?
    a) 五官更分明→Q10
    b) 脸色不好→Q5

Q8. 与您相配的配饰颜色是?
    a)   金色→Q1
    b)   银色→Q1

Q9. 黄土色、芥末色、苔绿色、赤褐色是否与您相配?
    a) 相配Q→15
    b) 不相配→Q6

Q10. 您给人的第一印象是?

    a) 强势→Q13   b) 温柔→Q11   c)平和→Q8

Q11. 在海边穿泳装时?

    a) 容易晒黑→Q9   b) 不容易晒黑→Q8   c)不确定→Q12

Q12. 您的个人形象是?

    a) 亲切温柔→Q17   b) 强势冷淡→Q14

Q13. 与您相配的颜色是?

    a) 鲜亮的原色→Q14   b) 柔和的淡色→Q8

Q14. 与脸色相衬的花色是?

    a) ⬤ 红色玫瑰→Q18   b) ⬤ 粉色康乃馨→Q17

Q15. 您的头发颜色是?

    a) 深棕色、黑色→Q18   b) 亮棕色、浅黑色→Q14

Q16. 您的面孔比实际年龄显小吗?

    a) 是的→春季类型   b) 不是→秋季类型

Q17. 您所适合的毛衣颜色是?

    a) 黄色系的暖色→Q16   b) 绿色系的冷色→夏季类型

Q18. 您所适合的深色正装颜色是?

    a) 黑色、灰色系→冬季类型   b) 深棕系→秋季类型

秘密色彩自我测试 II

　　测试条件的标准：皮肤上的雀斑、暗疮和皱纹都不应过于明显；肤色健康有光泽，血管不凸起；没有黑眼圈，下颌线分明，瞳孔明亮，头发润泽。

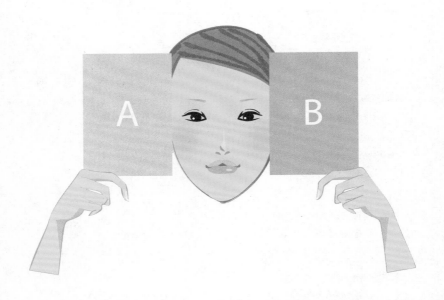

　　首先，将附录P268的两张卡片同时放在脸的左右两侧，然后放下其中一张，仅用一张与脸色进行对比。之后再将两张卡片左右交换，反复进行与脸色的对照测试。

粉色诊断

1）站在镜子面前，分别将A、B两种颜色的卡片放在脸颊左右两侧进行对比，哪种颜色使得肤色看上去更干净？

A）

B）

2）将下列C和D两种颜色的卡片放在脸颊左右两侧进行对比，哪种颜色使得肤色看上去更干净？

C）

D）

3）将题1中选出的颜色卡片和题2中选出的颜色卡片同时放在脸颊左右两侧进行对比，哪种颜色使得肤色看上去更干净？

A）

B）

C）
D）

棕色/灰色诊断

1）站在镜子面前，分别将E、F两种颜色的卡片放在脸颊左右两侧进行对比，哪种颜色使得肤色看上去更干净？

E) 　　　　　F)

2）将下列G和H两种颜色的卡片放在脸颊左右两侧进行对比，哪种颜色使得肤色看上去更干净？

G) 　　　　　H)

3）将题1中选出的颜色卡片和题2中选出的颜色卡片同时放在脸颊左右两侧进行对比，哪种颜色使得肤色看上去更干净？

E) 　F) 　G) 　H)

诊断结果

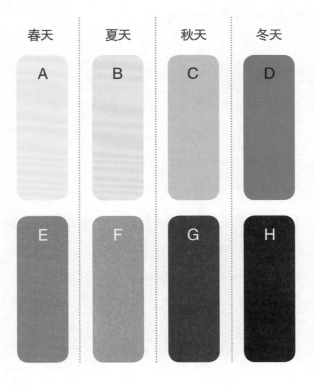

春天	夏天	秋天	冬天
A	B	C	D
E	F	G	H

色彩的秘密，谁都能找到

如果两种自我测试的诊断结果一致，那是最理想的。但是，就像前面已经提到过的，有些人也许会同时属于几种类型。假如两种诊断结果不一致，建议在朋友的协助下，再进行一次客观的测试。另外，也可以借助衣柜里的服装进行测试。从衣柜里找出平时穿上最显干净利索的服装，然后用所有测试卡进行颜色对比，如果有哪种颜色能和这件服装的颜色协调搭配，或者看上去清爽凝练，那么这张测试卡所属的类型就是你的专属秘密色彩了。

最近，通过日晒或者染色、隐形眼镜等方法和工具，使得天生的肤色、发色和瞳孔色有了改变的可能性。如果决定长期维持改变后的颜色，也可在做完一次基于天然色的测试后，再进行一次基于人工改变色的测试。根据基调是天然色还是人工改变色，每个人所获得的秘密色彩也是不同的。

春季类型——清爽、泼辣、可爱

　　春日里，一切都明亮、柔软、温和，春季是感受生命力和能量的季节。春季色相是以黄色为基调的，不管色相如何，所有颜色都透露出和煦及鲜明的信息，鲜红色、鲜蓝色、鲜绿色、鲜橙色、鲜紫色等。

　　由于颜色的明度和饱和度都比较高，栩栩如生，因此能显示出青春活力。这种类型的人，性情活泼，生机勃勃，肤色柔美，呈象牙色或者白里透红。但由于皮肤嫩滑细腻，角质层也较薄，所以很容易长雀斑。瞳孔呈亮棕色，炯炯有神。头发也是近似瞳孔的亮棕色。代表性的春季类型为：可爱、休闲、运动、活泼的形象。

春季类型

Spring Style

桃黄色
Peach

淡橙红
Light Orange Red

中黄绿色
Medium Yellow Green

夏季类型——浪漫、女性特质

夏日里，万紫千红，郁郁葱葱。夏季的一切色相都是以白色和蓝色为基调，所有系列的色彩都不突兀，呈现出柔软、清淡和自然，仿佛整个世界都被笼罩在白色的朦胧光泽下。

夏季类型的人的肤色白里透青，有时也泛着桃红色或者是粉红色的光晕。发色和瞳孔色都接近添加了灰色的棕色，显得文静、温柔。代表性的夏季类型为：浪漫、优雅、爱意、简洁、清爽等形象，有时也蕴涵女性特质。

夏季类型
Summer Style

玫瑰米黄色
Rose Beige

兰花紫色
Orchid

薰衣草紫色
Lavender

秋季类型——自然、古典

秋日的代表色是象征丰腴和五谷成熟的黄金色，给人近似阳光的稳定感。虽然秋季类型和春季类型同属暖色系类型，但是它比春季类型的色调更深沉，明度和饱和度也较低，给人以丰盛之感。金色、棕色、米色、卡其色、绿色等都属于这种类型。

秋季类型的人，肤色偏黄无光泽，脸上没有血色。比春季类型的肤色略深，也很容易受阳光照射而变成棕色。瞳孔呈深黄褐色，深邃有神，头发是无润泽感的深褐色。代表性的秋季类型为：红色和棕色系的高贵、含蓄的古典美以及与自然和谐统一的民族风等形象，温和柔软，容易使人亲近。

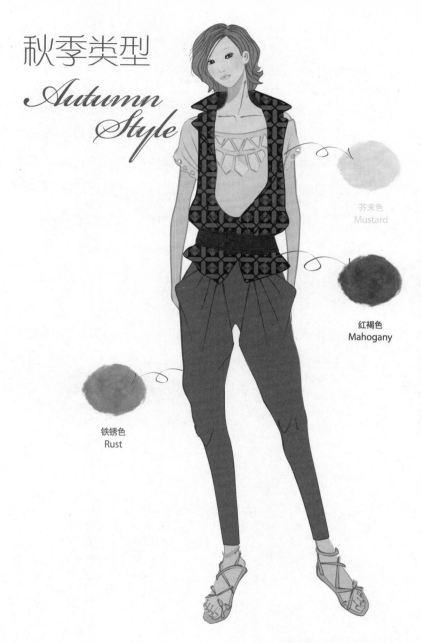

秋季类型

Autumn
Style

芥末色
Mustard

红褐色
Mahogany

铁锈色
Rust

冬季类型——简约、现代

冬日里，整个世界都被纯白色的雪和透心凉的冰所覆盖，接近无彩色的自然色泛着白里透蓝的光泽，和高饱和度的鲜明色彩形成强烈对比。强烈对比的效果之一就是显现出简洁干净，同时又不失冷峻原色的华丽。冬季的色相是以白色和蓝色为基调，由对比强烈的黑、白等颜色尽情演绎现代和简明之感。

冬季类型的人，皮肤白里透青，苍白透明。瞳孔色偏黑或是呈深灰褐色，与雪白的肤色形成对比，头发的颜色也多为泛着蓝光的深褐色或黑色。代表性的冬季类型为：精明、商务、高雅等形象，适合洗练的都市风格。

冬季类型
Winter Style

黑色
Black

纯白色
Pure White

浅灰色
Light True Gray

基本规律了如指掌，流行趋势我是先锋

"这个春天流行粉色"、"今年白色是趋势"……每一季都有几种颜色被称为流行色。但是，不管这些流行色多热潮，只要不适合自己，就不要去赶这个时髦。其实，只要对于"什么颜色适合自己"这个问题胸有成竹，什么时候都能走在流行的最前端。对于自我测试的结果，无论适合自己的颜色是自己喜欢的颜色，还是和衣橱里大部分的服装都不一样的颜色，都不必患得患失。从现在起，学习每种类型颜色的特点，做到对每一种颜色的特征都如数家珍。这样，就可以在应用的时候，使即使是本来与自己不相称的颜色，也能像与自己相称的颜色那样，服服帖帖地为自己加分。

所谓了解适合自身的颜色，指的是明了颜色和自身的关系。无法用颜色完善或补充的部分可以用配饰、妆容、服装面料或者发型进行调整。熟练驾驭色彩的人，就是因为对适合自己的以及不适合自己的颜色都了如指掌，所以无论何时何地，都能展现最佳的自我。

春季类型——黄色系是主角

Best Color

最适宜的颜色

灰色系
Gray

透着黄光的、略微显出暖意的柔灰色最相配。

海军蓝系
Navy

泛着红光的茄色或者偏青色的雪青色都很适宜。推荐亮色的牛仔裤。

白色系
White

透着黄光的象牙白色。如果希望更加显白，可以用夏季类型的柔白色营造温柔印象。

棕色系
Brown

浅米色、驼色、牛奶巧克力色等亮金棕色最相配。

黑色系
Black

选择略透明或者轻薄的面料，会显示出华丽感，露出部分肤色的设计也很适宜。

Worst Color

应加以注意的颜色

海军蓝系
Navy

沉重的颜色不相配，因此深雪青色或者泛着绿光的雪青色应慎用。

灰色系
Gray

透着蓝色光泽的灰色和过于深沉的炭灰色都显得浑浊不清朗，应慎用。

白色系
White

隶属冬季类型的蓝光纯白色过于强势、肃杀，会让人产生疲惫感。隶属于秋季类型的牡蛎白色也给人些许的浑浊感，使用时应加以注意。

棕色系
Brown

秋季类型的棕色不相配，少量使用尚可，倘若大面积使用，需提亮。

黑色系
Black

上妆时要细心，在设计、素材、用量等方面都应慎重，这样才能使黑色成为春季众多浅色的强调色。

Best Color

最适宜的颜色

黄色系
Yellow

红色系
Red

亮奶油色、蛋黄色、香瓜色等鲜明的黄色都非常适合。

蓝色系
Blue

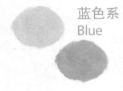

明亮鲜艳的橙色、橙红色、橘黄等泛出黄光的红色系颜色都很适宜。

比起冬季类型的不褪色蓝，水蓝色等鲜明的蓝色更适合。

绿色系
Green

粉色系
Pink

紫色系
Purple

透着黄色光泽的鲜明的草绿色、鲜亮的哈密瓜色等都很相配。

在暖色系的粉色、桃色、珊瑚粉色中稍微添加一点黄色光泽，这样的亮粉色最相宜。

鲜亮的紫色在宴会等场合会显得华丽高贵，紫光蓝色也给人清爽的感觉。

应加以注意的颜色

黄色系
Yellow

秋季类型的苔黄色或者黄土色，过于昏暗，容易使人产生忧郁感。

蓝色系
Blue

夏季类型的偏灰的蓝色系过于肃杀，秋季类型的浊青色会使人看上去忧郁。

红色系
Red

冬季类型或夏季类型的紫红或深红过于厚重，不适合，反而是米色或珊瑚色更适宜。

绿色系
Green

冬季类型的深绿系和秋季类型的军绿系都容易使面庞黯淡发乌。

紫色系
Purple

冬季类型的深紫红色等过于厚重，如果一定要使用，需搭配米色。

粉色系
Pink

冬季类型的品红色或夏季类型的浅紫色，过于偏蓝色系，或者过于偏浑浊，不相配。

春日色系调色板

象牙色 Ivory	浅黄色 Buff	浅暖米黄色 Light Warm Beige
浅暖灰色 Light Warm Gray	浅海军蓝 Light Clear Navy	浅金黄色 Light Clear Gold
亮黄绿色 Bright Yellow Green	杏黄色 Apricot	浅橙色 Light Orange
暖粉红色 Warm Pastel Pink	珊瑚粉色 Coral Pink	亮暖粉色 Clear Bright Warm Pink
浅紫光蓝色 Light Periwinkle Blue	深紫光蓝色 Dark Periwinkle Blue	不褪色浅蓝 Light True Blue

浅驼色 Light Camel	金棕褐色 Golden Tan	中度金棕色 Medium Golden Brown
亮金黄色 Bright Golden Yellow	浅黄绿色 Pastel Yellow Green	中度黄绿色 Medium Yellow Green
桃红色 Peach	亮鲑鱼 肉红色 Clear Salmon	亮珊瑚色 Bright Coral
亮红色 Clear Bright Red	浅橙红色 Light Orange Red	中度紫色 Medium Violet
浅暖水蓝色 Light Warm Aqua	亮水蓝色 Clear Bright Aqua	中度暖 青绿色 Medium Warm Turquoise

夏季类型——白色系是主角

Best Color

最适宜的颜色

白色系
White

像窗户纸那样薄而软的柔白色最为相宜。

灰色系
Gray

烟灰色系列，尤其是添加少许蓝色的亮灰色最为适宜。

棕色系
Brown

略微泛着粉色光泽的玫瑰米色、可可色、玫瑰棕色等最相配。

海军蓝系
Navy

添加少许灰色而形成的烟灰海军蓝色最为适合，可代替黑色使用。

黑色系
Black

由于黑色过于强势，所以面料应尽量轻便，用量也应尽量点到为止。

Worst Color

灰色系
Gray

冬季类型的不褪色灰过于强势，隶属于春季类型的泛着黄光的灰色又显得稀薄朦胧，使用时应谨慎。

海军蓝系
Navy

冬季类型的深雪青色接近于黑色，过于强势，搭配时应灵活调整。

白色系
White

象牙色等泛着黄光的白色，容易使脸色黯淡。另外，冬季类型的泛着蓝光的纯白色也过于强势。

棕色系
Brown

泛着黄光的驼色或者隶属秋季类型的深褐色过于厚重，使用时应注意。

黑色系
Black

上妆时要简洁大方，在设计、素材、用量等方面都应慎重，这才能使得黑色成为夏季众多浅色的强调色。

夏季—强调色

Best Color

粉色系
Pink

绿色系
Green

红色系
Red

柔软的淡粉色、玫瑰粉色以及鲜明的深玫瑰色等都很适宜。另外，泛出蓝光的淡藕荷色等也是夏季类型的粉色。

粉蓝绿系列极为相配。轻柔，凉爽的绿色，给人以薄荷的清凉感，渐进的绿色也适合夏季类型。

像西瓜瓤色这种既不偏蓝也不偏黄的红色以及覆盆子色、勃艮第葡萄酒色等深红色，都十分相衬。

黄色系
Yellow

蓝色系
Blue

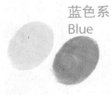

紫色系
Purple

粉蓝色、天蓝色、水蓝色、灰蓝色等添加了白色或灰色的蓝色最为相宜。

稍露蓝晕的淡柠檬黄最适合。

薰衣草色、紫光蓝色等微妙的渐进色彩，与泛紫光的颜色和紫红色等十分相称。

应加以注意的颜色

粉色系
Pink

泛黄光的珊瑚红或鲑鱼肉红以及过于鲜明的大红色、品红等都不适合。

红色系
Red

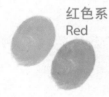

橙色或橙红色系由于泛出黄光，会使脸色黯淡，应加以注意。

绿色系
Green

冬季类型或秋季类型的深绿或浊绿以及春季类型的黄绿等，都应尽量避免。

蓝色系
Blue

冬季类型的鲜明的宝蓝色可少量使用。秋季类型的绿光暗蓝色和水蓝色会泛出黄光，也不相衬。

黄色系
Yellow

黄色光泽太强势，秋季类型的金色或者苔黄色以及春季类型的亮金黄色都会使脸色发乌。

紫色系
Purple

像冬季类型的深紫红色那样的颜色不宜过重，应选择浓度适中的紫色。

夏日色系调色板

柔白色 Soft White	灰褐色 Rose Beige	可可色 Cocoa
灰海军蓝色 Gray Navy	浅蓝色 Gray Blue	粉蓝色 Powder Blue
淡水蓝色 Pastel Aqua	淡蓝绿色 Pastel Blue Green	中蓝绿色 Medium Blue Green
淡粉色 Pastel Pink	玫瑰粉色 Rose Pink	深玫红色 Deep Rose
薰衣草色 Lavender	兰花紫色 Orchid	紫红色 Mauve

咖啡红色
Rose Brown

淡蓝灰色
Light
Blue Gray

炭蓝灰色
Charcoal
Blue Gray

天蓝色
Sky Blue

中蓝色
Medium
Blue

紫光蓝色
Periwinkle
Blue

深蓝绿色
Deep
Blue Green

淡柠檬黄色
Light
Lemon
Yellow

粉白色
Powder
Pink

西瓜色
Watermelon

蓝红色
Blue Red

勃垦第葡萄
酒色
Burgundy

覆盆子色
Raspberry

软樱红色
Soft Fuchsia

紫红色
Plum

秋季类型——金色系是主角

Best Color

最适宜的颜色

海军蓝系
Navy

略带灰色的深海军蓝最适宜，会发出雪青色微妙的黄光。

灰色系
Gray

中度偏深的灰色以及掺杂了草绿色或黄色的、有细微黄绿差别的灰色比较相配。

黑色系
Black

如果说找一些适合秋季类型的深色的话，黑色最为适合。但如果说是与特定的泛出金光的秋季类型着色最相称的颜色，还是应添加一些白色元素。另外，尽量在服装材质和设计上出彩。

白色系
White

冷凝蜂蜜中的浊白色、粗棉布的原白色以及陈米泛着黄光的白色等最为适宜。

棕色系
Brown

较暗的米色、驼色、咖啡色、巧克力色以及赤褐色等棕色系的颜色都适合。

Worst Color

应加以注意的颜色

海军蓝系
Navy

如果要穿雪青色的话，同米色、驼色、青铜色或红褐色等秋季类型的颜色搭配较为适宜。

灰色系
Gray

浅硬灰色和浅暖灰色过于阴沉，应以灰黄绿色或者橄榄绿色代替。

白色系
White

冬季类型的泛着青光的白色，过于冷峻。如果一定要选择没有黄色光晕的白色，则可以选择夏季类型的软白色。

棕色系
Brown

春季类型中明亮而干净的褐色系过于轻盈，容易产生廉价感，应避免使用。朴素别致的褐色较为适合。

黑色系
Black

同棕色或驼色搭配，再配以金色或青铜色的饰物或妆容色，会显得很有明星范儿。

Best Color

最适宜的颜色

红色系
Red

热辣的橙色、红辣椒色、深番茄红色以及铁锈红色等较为相配。

黄色系
Yellow

应选择较深而素雅的色调，比如秋天银杏叶的金黄、芥末黄、南瓜黄、土黄等，这些都是十分有个性的颜色。

粉色系
Pink

泛出黄色光芒的桃粉色、鲑鱼肉红色等显示出陈旧气息的颜色较为相配。

蓝色系
Blue

泛出黄光的深蓝色或者绿松石色以及透着紫晕的紫光蓝等蓝色系的颜色都个性十足。

绿色系
Green

森林绿、橄榄绿、苔藓绿、翡翠绿、黄绿等泛出黄光的草绿系列颜色都很适合。

紫色系
Purple

冬季类型的皇家紫色较为适宜，紫光蓝色或夏季类型的淡紫光蓝色也可作为紫色系颜色使用。

Worst Color

粉色系
Pink

冬季或夏季类型的泛蓝光深粉色看上去略显浮躁。若要穿粉红色，一定选择搭配其他较深的秋季类型颜色。

红色系
Red

春季类型的亮红色过于轻盈，容易显胖。冬季或夏季类型的泛蓝光深红色也显得寒酸，应避免。

绿色系
Green

春季类型的鲜黄绿色或夏季类型的蓝绿色过于轻盈，不适宜。

蓝色系
Blue

黄色系
Yellow

春季或冬季类型的鲜蓝色，容易产生低俗感，使用时应加以注意。另外，夏季类型的蓝色如果使用过多，会给人以肃杀的萧条感，也应尽量避免。

紫色系
Purple

亮柠檬黄色或者浅金黄色过于单调，应尽量避免。

春季类型的淡藕荷色、紫光蓝色、淡粉色等颜色看上去含糊不清，最好避免选择。

秋日色系调色板 ·····································

乳白色 Oyster White	暖米黄色 Warm Beige	咖啡棕色 Coffee Brown
金色 Gold	中度暖 青铜色 Medium Warm Bronze	金黄色 Yellow Gold
铁锈色 Rust	深桃红色 Deep Peach	鲑鱼肉色 Salmon
深番茄红 Dark Tomato Red	橙绿色 Lime Green	淡黄绿色 Chartreuse
橄榄绿色 Olive Green	翠绿色 Jade Green	森林绿色 Forest Green

深巧克力棕色 Dark Chocolate Brown	赤褐色 Mahogany	驼色 Camel
芥末色 Mustard	南瓜色 Pumpkin	赤褐色 Terracotta
橙色 Orange	橙红色 Orange Red	枣红色 Bittersweet Red
深黄绿 Deep Yellow Green	苔藓绿 Moss Green	灰黄绿 Grayed Yellow Green
绿松石色 Turquoise	水鸭蓝色 Teal Blue	深紫光蓝色 Deep Periwinkle Blue

冬季类型——青绿色系或黑色系是主角

Best Color

最适宜的颜色

海军蓝系
Navy

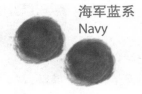

有一种接近黑色的被称作"午夜蓝"的雪青色，最为相宜。雪青色最容易显示出女性气质。

灰色系
Gray

没有任何杂色的纯灰色，色调从浅到深都很适合。

白色系
White

泛出青光的纯白色，给人以戏剧的浪漫感和爽朗的印象。若想让自身形象更加温柔，可选用夏季类型的柔白色调。

棕色系
Brown

秋季类型的深巧克力棕色或灰褐色较为相衬。

黑色系
Black

黑色可以把脸上的棱角衬托得更加分明，一件黑色上衣或是一件简单的黑色毛衫，就能营造出奢华高贵的气质。

Worst Color

应加以注意的颜色

海军蓝系
Navy

夏季类型的淡雪青色和春季类型泛红光的雪青色都不适合。

灰色系
Gray

泛出黄光的灰色不适宜。暗灰色和深色搭配会出现绝佳的对比效果。

白色系
White

春季或秋季类型的泛出黄光的白色，会使脸色黯淡疲倦，应尽量避免。

棕色系
Brown

春季或秋季类型的泛出黄光的褐色，会使脸色发黄，让人感觉无精打采，应尽量避免使用。

黑色系
Black

黑色可与其他冬季类型的色彩一同搭配，将会打造多元化的形象。

冬季—强调色

Best Color

粉色系
Pink

泛出蓝光的深粉色、品红色、紫红色等鲜明性感的粉色最为适宜。

红色系
Red

从深红色到泛出蓝光的品红色、勃艮第红色等成熟的红色都较为适宜。

绿色系
Green

让人联想到热带雨林的纯绿色、鲜明的祖母绿色、常青植物的叶绿色等都十分相衬。

黄色系
Yellow

冬季类型中唯一适合的黄色是泛出蓝光的柠檬黄，能够映出荧光灯般的冷峻。

蓝色系
Blue

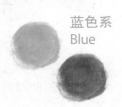

深邃而鲜明的皇家蓝色或纯蓝色，都显示出高贵的品位，让人感觉到知性美。蓝绿色和中国蓝则能营造出运动氛围。

紫色系
Purple

冬季类型的皇家紫色，给人以高贵典雅的印象，魅力十足。素雅的冰紫色也给人以女性气质之美。

Worst Color

粉色系
Pink

绿色系
Green

红色系
Red

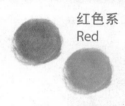

春季类型和秋季类型的泛出黄光的粉色会使人脸色发乌，应尽量避免使用。夏季类型的粉色娇弱无力，也应尽量避免。

秋季类型的浊绿色系或者春季类型的鲜鹅黄绿色都应尽量避免使用。

春季类型泛出黄光的鲜红色以及橙色，会使人脸色发暗，应尽量避免使用。

黄色系
Yellow

紫色系
Purple

蓝色系
Blue

春季类型和秋季类型的黄色会使人脸色黯淡无光，看起来无精打采，应尽量避免使用。黄色应与雪青色或黑色搭配使用，这样会比较适宜。

春季类型的亮紫色应尽量少用。另外，夏季类型的中、深度紫色会使人面色阴沉，应以生动的妆容弥补。

泛出黄晕的水蓝色和泪光蓝色应该尽量避免。夏季类型的冰蓝色和较深的颜色搭配，可能会出现不错的效果。

冬日色系调色板

纯白色 Pure White	淡灰色 Light True Gray	中度灰色 Medium True gray
海军蓝色 Navy Blue	不褪色蓝色 True Blue	品蓝色 Royal Blue
淡绿色 Light True Green	不褪色绿色 True Green	祖母绿色 Emerald Green
品红色 Magenta	紫红色 Fuchsia	蓝紫色 Royal Purple
冰绿色 Icy Green	冰黄色 Icy Yellow	冰水蓝色 Icy Aqua

炭灰色 Charcoal Gray	黑色 Black	灰米黄色 Gray Beige
暖松绿石色 Hot Turquoise	中国蓝 Chinese Blue	柠檬黄 Lemon Yellow
松绿色 Pine Green	鲜粉红色 Shocking Pink	深粉红色 Deep Hot Pink
亮勃艮第 红色 Bright Burgundy	深蓝红色 Deep Blue Red	正红色 True Red
冰紫色 Icy Violet	冷粉色 Icy Pink	冷蓝色 Icy Blue

色彩小贴士-3　不经意间流露出内心的颜色

暖色系类型

直觉型		直觉出众，无论什么事情，都能以开放的心态和充沛的感情对待
艺术型		希望将自身的内心世界传达给外界，艺术动力十足
创意型		新想法层出不穷，常常才思泉涌
沟通型		积极同他人沟通，能够完全接纳别人的内心
灵活型		做任何事情都灵活贯通，能构建玲珑的人际关系
和谐型		为自己保留时间，沉浸在自己的闲适状态中
泼辣型		积极推动新想法的实现，性格泼辣，是个乐天派，但要注意不要总以自我为中心
自由发散型		兴趣广泛，抱负宏大，追求自我表现的时机
协作型		无论什么状况都能随机应变，灵活通达
健康型		为人幽默乐观，心态开放自然
活动型		热情活跃，社交能力强
积极型		意欲旺盛，对外活动能量丰富

颜色有支配人内心的力量。抱负宏大的时候和内心疲倦的时候，自然所关注的色彩也不同。从自己的类型中选择一种最能牵动内心的颜色，从现在开始就用颜色去探求内心的状态吧。

冷色系类型

娇弱型		展现娇弱敏感的内心，对美有怜惜、感动和隐忍之情
抱负型		对有价值的事物评价公平，抱负远大
柔软型		喜欢平静温和的状态，拥有安静明朗的心境，但同时又显示出信心不足
诚实型		能做出冷静的判断，但性格有内向的倾向
慎重型		能把握住内向和外向的平衡，但是为人稍显疲倦
稳定型		保持平衡的冷静状态
率真型		对待他人的意见或者新的思考方式能够直率地表达自己的想法
快活型		明朗开怀，充满幸福感
安逸型		自我满足的状态，有想依靠别人的想法
好奇型		好奇心旺盛，即使身处困境，也能尽快走出
积极型		积极向上，忍耐力强，行动力足
领导型		适合能够发挥领导力的职位

第四步 STEP4

时尚色彩

基础色彩
商务色彩
休闲色彩
聚会色彩

基础色彩

春季—基础色彩Spring - Basic Color
春季类型打造年轻形象

俊俏Pretty

欢快明亮的俊俏形象，常和丝带、蝴蝶结、花朵等装饰物联系在一起。打造这类形象需要暖色系的颜色互相搭配。

饰品Accessory

使用袖珍的花状项链、胸针、花束等，可以使脸部光泽显得明亮。使用金色可以烘托出贵气十足的气质。另外，星星或者心状的装饰设计也能获得不错的效果，值得一试。

提高Step Up

轻盈柔软的面料搭配花朵配饰。

像蕾丝或蝉翼丝等柔软轻盈的面料，可以更衬托出轻快活泼的形象。另外，色彩鲜艳的袜子、挎包或者靴子也能起到画龙点睛的作用，不妨试一试。

俊俏
Pretty

基础色彩Basic Color

使用鲜艳的色彩，打扮得明亮而轻
快，随即呈现出俊俏的形象。

珊瑚粉色
Coral Pink

淡黄绿色
Pastel Yellow Green

淡金黄色
Light Clear Gold

夏季—基本色彩Summer - Basic Color
夏季类型打造居家形象

优雅Elegance

柔软的粉白色系的颜色最适合夏季类型。例如淡粉色与薰衣草紫色搭配，以及前面学过的其他类似颜色的搭配，都能显示出娴静优雅的气质。柔和色系的上衣搭配一条薄纱丝巾，能够尽显女性特质。但是需要注意的是，橙色系与夏季类型风格相左，应尽量避免使用。

饰品Accessory

珍珠、蓝宝石或石榴石等制成的小巧玲珑的项链以及丝绸或雪纺绸等质地柔软的丝巾，都是画龙点睛的饰品。另外，也可巧用小珠子或银饰等来营造朦胧之感。

提高Step Up
通过曲线轮廓显示女性魅力。

选择绸缎或安哥拉毛等柔软的材质，可以更加彰显女性的温柔之美。细长跟或丁字带高跟鞋等展现女性气质的饰品也极为搭配。

优雅
Elegance

使用清新柔和的色彩塑造出温柔雅致的形象。

淡粉色
Powder Pink

柔白色
Soft White

淡紫色
Mauve

秋季——基础色彩Autumn - Basic Color
秋季类型打造成熟形象

自然Natural

秋季类型人群的特点是知性而冷静，因此，最适合大地或树木等自然之色。大胆使用深邃沉稳的泥土色，会有意想不到的效果。绿色系会压倒蓝色系，这是秋季类型基本调色板的特点。

饰品Accessory

用树枝或石头等天然材料制作的饰品以及带有玳瑁花纹的垂饰，都是极佳的点缀。或配以棉或麻，将更加突出冷静的个性。

提高Step Up
一石一叶尽显自然风情。

推荐树枝或石头质地的小饰品或者自然质地的网袋、软皮革靴子等。棉、麻或软皮革等材质有利于勾勒出柔软亲切的女性轮廓。

自然
Natural

使用天然土黄色，能够营造出冷静而自然的形象。

橄榄绿色
Olive Green

深番茄红色
Dark Tomato Red

金黄色
Yellow Gold

冬季—基础色彩Winter – Basic Color
冬季类型打造个性形象

戏剧性Dramatic

冬季类型的特点是现代、锐利和成熟，因此，大胆使用几何图案或者斑点纹路，可以形成鲜明对比，这将是冬季类型最英明的穿衣之道。想要彰显个性，就要在色彩运用上果敢而自信。

饰品Accessory

华丽新鲜的设计是冬季类型的亮点。使用白金或祖母绿、蓝宝石等大气的配饰，将会锦上添花，增加个人魅力值。

提高Step Up

具有视觉冲击的强烈的服饰强调存在感。

若想使个性更加突出，使用黑色皮革或者鳄鱼皮等存在感极强的材质将会起到事半功倍的效果。使用香水时，建议选择有异国风情的较为强烈的香型。

戏剧性
Dramatic

基础色彩Basic Color

以鲜明的颜色打造具有视觉冲击的戏剧化形象。

蓝紫色
Royal Purple

炭灰色
Charcoal Gray

黑色
Black

商务色彩

春季类型彰显轻盈活泼
夏季类型讲究优雅高贵
秋季类型体现时尚风格
冬季类型强调古典之美

春季—商务色彩Spring – Business Color
春季类型彰显轻盈活泼

活泼Active

针对动感十足的年轻形象，如何在商务场合拿捏合适的分寸呢？推荐棉料或薄毛质地的长裤和及膝的正装裙，庄重而不失青春气息。

饰品Accessory

可选用光泽朦胧的金饰或者小巧玲珑的各色自然宝石。另外，帽子、腰带和丝袜等饰品也能起到锦上添花的效果。由于要侧重商务风格，米黄色和棕色系列将是最佳之选。

提高Step Up

以轻盈着装为主，用饰品点缀画龙点睛。

女性在春季类型的商务情境中，可尽情享受色彩搭配带来的乐趣，并且在饰品搭配上充分发挥自己的才能。帽子、腰带、丝袜以及光泽朦胧的金饰都是上乘之选。

活泼
Active

展现轻盈活泼的关键在于亮点的设计和强调。

浅驼色
Light Camel

亮黄绿色
Bright Yellow Green

亮红色
Clear Bright Red

夏季—商务色彩Summer – Business Color
夏季类型讲究优雅高贵

高贵Noble

建议选用蓝色或灰色系颜色作为底色。在配色方面，蓝色系较为广泛丰富，可选用自己喜欢的颜色进行协调。过分强调身材曲线和装饰繁复的衣着不适合这种类型。在服装材质上，应选择开司米山羊绒❶等高级衣料。

饰品Accessory

适合夏季类型的饰品应该是古典而高贵的，项链或者耳坠即使尺寸不大，也要是纯正的金银质地。另外，黑色或灰色的软皮革也是能起到画龙点睛作用的配饰。

提高Step Up

在饰品的挑选上，比起设计，要更看重材质。

在设计上，推荐偏传统的风格。爱马仕·凯莉（Hermes Kelly）女包、Plain Pumps的高跟鞋、简洁大方的纯金银材质首饰等都很适合该类型。

---

❶开司米山羊绒（Cashmere），一般的羊毛我们称作 Wool，好一点的则是 Merino 羊毛，而 Cashmere 则可以说是羊毛中最高级的材料了，被称做"山羊绒"，是山羊身上的细绒毛，绵羊没有羊绒。1757年，英国逐渐并吞印度成为其殖民地后，在喀什米尔地区发现这种珍贵开司米山羊的分布，实际上这种山羊的发源地是中国西藏，从此喀什米尔山羊绒的名声逐渐传入西方（摘自百度百科）。——译者注

高贵
Noble

塑造奢华形象的关键在于对古典的诠释。

天蓝色
Sky Blue

玫瑰米黄色
Rose Beige

浅蓝灰色
Light Blue Gray

秋季类型体现时尚风格

时尚Chic

褐色系或苔绿色系给人以冷静之感，适于塑造时髦而洗练的形象。若能以绿松石色或橙红色等彰显个性的颜色作为点缀，则是至善之美。

饰品Accessory

古董风格的饰品，比如表面粗糙的黄金或琥珀，都利于体现秋季类型的知性美。棕褐色系质地斑驳的皮包或皮鞋，也有助于展现成熟魅力。

提高Step Up

以个性凝练的饰品体现时尚敏感度。

古董风格的首饰，绒面革或粗糙皮革材质的手提包，将使个人魅力大增。丝袜推荐肉桂色和棕黄色系，忌灰色和蓝色系。

时尚
Chic

塑造时尚形象的关键在于对提亮色的
灵活运用。

红褐色
Mahogany

橙绿色
Lime Green

暖米色
Warm Beige

冬季—商务色彩Winter – Business Color
冬季类型强调古典之美

正统Formal

　　冬季类型适合没有任何装饰物点缀的大气、大方之设计。应注意避免使用多色，单色或双色即可充分塑造冬季类型的特征。在选择颜色方面，蓝紫色和松绿色是理想之选。

饰品Accessory

　　饰品方面，应秉着宁缺毋滥的原则。最好不配戴饰物，有少量装饰时最好选择金属胸针或镶白金的有色宝石等风格正统的饰物。另外，简洁大方又实用的手表也在推荐之列。

提高Step Up
以黑色或银色为中心，全力打造正统风格。

　　质感突出的羊毛织品等可塑造简约风格，是打造正统形象的完美素材。

正统
Formal

塑造简约敏锐风格的关键在于用色少而精。

紫红色
Fuchsia

纯白色
Pure White

黑色
Black

休闲色彩

春季类型以亮色营造亲近感

夏季类型凭牛仔裤百搭各色

秋季类型聚焦于动感韵律

冬季类型由对比诠释靓丽

春季—休闲色彩Spring – Casual Color
春季类型以亮色营造亲近感

休闲Casual

　　T恤搭配棉质或灯芯绒材质的裤子，显得自然闲适，慵懒中透着自在。春季类型的最大优点就是色彩发挥空间大，可进行自由搭配。只要是能感受到春日气息的元素，都可以尝试。

饰品Accessory

　　对于轻盈的休闲形象来说，搭配轻纱或塑料材质的饰品是最适合不过的了。另外，五彩缤纷的腕表或丝巾也能营造出亲近气氛。

提高Step Up

以绚丽的饰品烘托出亲切明丽的形象。

　　方格纹理、横纹或者小水滴纹的饰品都是理想的选择。纯棉或麻质的小方巾以及色彩缤纷的腕表等流行元素也将为明丽的形象加分。

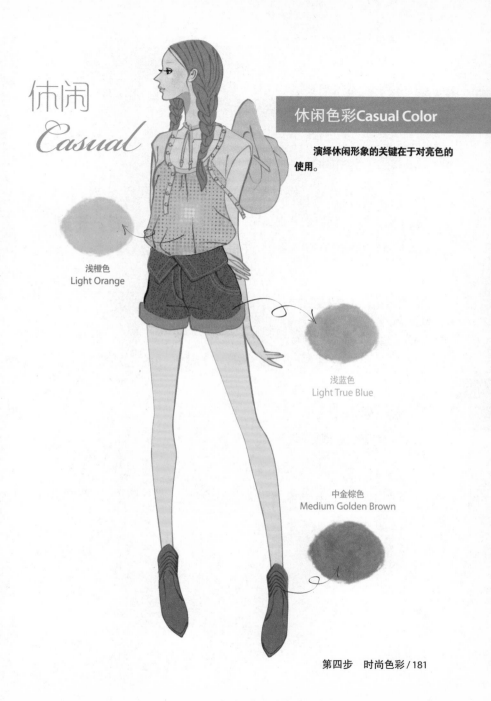

休闲
Casual

演绎休闲形象的关键在于对亮色的使用。

浅橙色
Light Orange

浅蓝色
Light True Blue

中金棕色
Medium Golden Brown

夏季—休闲色彩Summer – Casual Color
夏季类型凭牛仔裤百搭各色

简约Simple

使用天蓝色或蓝紫色，可以营造出简洁明快的着装风格。对夏季类型来说，牛仔裤是最佳之选。夹克内若搭配一件能体现女性曲线的打底衫，则更增魅力。

饰品Accessory

粉白色系的垂饰或者小巧的银饰，都是画龙点睛之笔。另外，袖珍丝巾也是提升女性气质的绝妙道具。

提高Step Up
推荐横纹或水珠花纹等。

在服装的材质上，棉、涤纶或羊毛等较为适宜。轻逸的丝巾和银饰点缀，营造出清水芙蓉、天然去雕饰的美感。

简约
Simple

演绎简约形象的关键在于衣着素雅。

淡紫色
Mauve

柔白色
Soft White

中蓝色
Medium Blue

秋季—休闲色彩Autumn – Casual Color
秋季类型聚焦于动感韵律

动感Sporty

　　以大自然和大地色彩为基调的设计，能给人十足的动感韵律。以同一色系或相似色相为中心，并以强调色作为内衬或服装点缀，可以起到锦上添花的效果。

饰品Accessory

　　简约而光泽朦胧的黄金饰品或者别致的金属雕刻配饰等比较适合。野外风格的迷彩花纹也是绝妙搭配。另外，丝质领带、菱形花纹的丝袜以及丝质的腰带也都是值得推荐的饰品。

提高Step Up
成熟形象需要有重量和质感的材料塑造。

　　推荐粗斜纹布或灯芯绒等有质感的面料。另外，具有民族风情的配饰、无光泽的金属等自然气息浓郁的饰品也会增色不少。

动感
Sporty

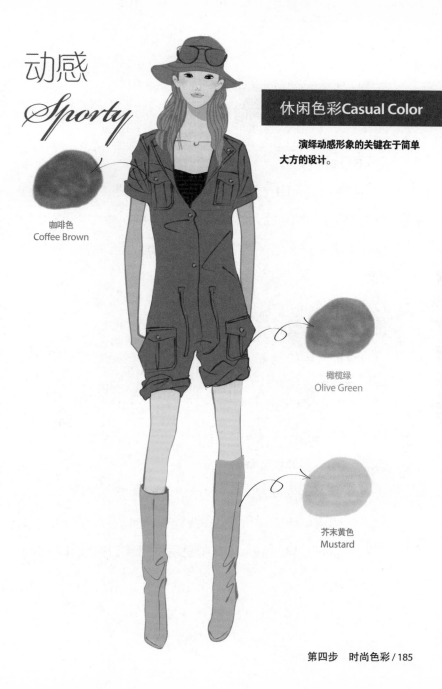

咖啡色
Coffee Brown

演绎动感形象的关键在于简单
大方的设计。

橄榄绿
Olive Green

芥末黄色
Mustard

冬季—休闲色彩Winter – Casual Color
冬季类型由对比诠释靓丽

靓丽Dandy

　　冬季类型可使女性柔美中透出少许男性气概。质感鲜明的腰带、风格豪迈的银饰，都能带来极佳的视觉冲击效果。皮革夹克、男性腕表等更能让女性靓上加帅。在裤子的搭配上，应尽量选择简约大气的风格。

饰品Accessory

　　设计大胆的腕饰、具有领袖气质的墨镜以及厚重的腰带，都是极佳的选择。用色上应以黑色、灰色为中心。

提高Step Up
强调力量、个性和视觉冲击。

　　推荐羊绒、华达呢、皮革等衣料以及菱形等几何花纹。人造皮草或塑料材质的大肩包以及侧面有松紧布的半筒靴（Side Gore Boots），都是刚中带柔、刚柔并济的绝妙搭配。

靓丽
Dandy

演绎靓丽形象的关键在于色彩对比。

黑色
Black

深水红色
Deep Hot Pink

浅灰色
Light True Gray

宴会色彩

春季类型强调可爱性感

夏季类型演绎甜美温柔

秋季类型诠释大气奢华

冬季类型塑造成熟洗练

因人而异的饰品选择方法

春季—宴会色彩Spring – Party Color
春季类型强调可爱性感

可爱Cute

春季类型的特征是年轻活泼里透出妩媚。围绕女性的曲线美，可选择强调可爱气息或展现丰满胸部轮廓的设计，比如胸下束带的韩式连衣裙或贴身背心等。

饰品Accessory

镶金的奶白色珍珠以及玻璃珠吊坠项链，都是品位十足的选择。另外，一些纤细玲珑、风格可爱的饰品也值得推荐。

提高Step Up
巧用饰品，可以成为宴会上的风景线。

包或鞋可以选用亮色或者着装的邻近色调。另外，金色亮片或小珠子等也会让人增色不少。

可爱
Cute

塑造可爱形象的关键在于对亮色的
巧妙运用。

亮金黄色
Bright Golden Yellow

淡黄绿色
Pastel Yellow Green

亮珊瑚红色
Bright Coral

夏季—宴会色彩Summer– Party Color

夏季类型演绎甜美温柔

浪漫Romantic

蕾丝花边和人鱼公主的曲线无疑是千百年来塑造女性优雅形象的经典方式。粉色或薰衣草紫色系的柔软颜色是夏季类型宴会色彩的首选，可以为柔美朦胧的轮廓增辉生色。

饰品Accessory

最适合宴会的首饰要数珍珠了。无论是黑珍珠还是粉珍珠，它们都是宴会的宠儿。其他样式的珠子以及刻有浮雕的宝石或贝壳，也在推荐之列。

提高Step Up

小装饰寥寥几笔，女性美栩栩如生。

丝绸、丝绒或绉纱等柔软的材质都是理想的选择。装饰有珠子或水晶的袖珍手提包，搭配细高跟鞋，更显妩媚风情。

浪漫
Romantic

塑造浪漫形象的关键在于对曲
线美的诠释。

淡粉色
Pastel Pink

浅水蓝色
Pastel Aqua

紫光蓝色
Periwinkle Blue

秋季—宴会色彩Autumn – Party Color
秋季类型诠释大气奢华

华丽Gorgeous

秋季类型需要以大胆的衣着设计和华丽的首饰来演绎。宽广条纹的动物图案、有2~3种颜色搭配的连衣裙以及使用金线元素的套装等都是上乘之选，品位高雅，大气奢华。

饰品Accessory

推荐硕大的金银首饰和其他设计感夸张的饰品。色彩分明的仿真鳄鱼皮或者蛇皮装饰也能起到锦上添花的作用。

提高Step Up

以浓郁的芬芳营造华美氛围。

印度丝绸或者织有金银线的绸缎都是推荐之选。手提包或高跟鞋上若有冷色调的配饰，则更为奢华感提升一个档次。

华丽
Gorgeous

塑造华丽形象的关键在于大胆
运用纹理图案。

金黄色
Yellow Gold

赤土色
Terracotta

深紫光蓝色
Deep Periwinkle Blue

冬季—宴会色彩Winter – Party Color
冬季类型塑造成熟洗练

现代Modern

若要塑造锐利和都市感十足的现代风格，应选取1~2种彰显个性的颜色。这些颜色应有较强的协调能力，与几何图案搭配，无论是套装还是套裙，都可展示对比强烈的配色效果。

饰品Accessory

推荐设计出众的纯金银饰品。力求少而精，大尺寸的、风格独特的一枚足矣。

提高Step Up
以个性诠释华丽。

闪光的金属亮片饰物、皮革以及有金属光泽的众多材质都在推荐之列。提包和皮鞋也可运用色彩对比来增强视觉效果。现代感十足的设计无论何时都是众人目光的焦点。

现代
Modern

宴会色彩Party Color

**打造现代感十足的形象关键在
于色彩对比强烈。**

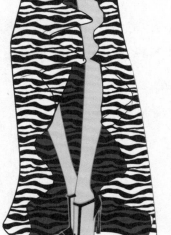

中灰色
Medium True Gray

黑色
Black

因人而异的饰品选择方法

春季

春季类型的金色饰品应选择较明亮的，整体达到闪亮明快的视觉效果最为完美。若搭配流行色彩使其作为点缀，则更添可爱气息。

推荐颜色：亮金黄色(Bright Gold Yellow)、杏黄色(Apricot)、浅橙色(Clear Salmon)。

夏季

夏季类型应选择冷色调、易塑造轻盈柔软形象的饰品，银色系或天然材质的配饰是理想之选。但是，在银色系中，也要注意选取光泽朦胧的类型。另外，硕大华丽的饰品能帮助打造清爽的形象。

推荐颜色：柔白色(Soft White)、浅蓝灰色(Light Blue Gray)、浅粉色(Pastel Pink)。

秋季类型适于诠释高雅而成熟的形象。推荐光泽较暗的金属类型以及象牙、树木、铜等天然材质的饰品作为配饰。

推荐颜色：赤褐色(Terracotta)、苔绿色(Moss Green)、深紫罗兰色(Deep Violet)。

冬季类型的现代感和简约风格，适合搭配有光泽的银质配饰。这种类型搭配的最出彩之处在于选择大胆而华丽的色相。如果选择黑色、白色、银色、蓝色、海军蓝、品红色或红色等视觉感强烈的原色和无彩色，将展现丰富的戏剧效果和十足的个性。

推荐颜色：纯白色(Pure White)、黑色(Black)、正红色(True Red)。

第五步 STEP5

妆容色彩

化妆色彩
美发色彩

化妆色彩
Makeup Color

化妆当然要选择秘密色彩

化妆也应遵循TPO之道

春季类型讲究明亮华丽

夏季类型强调清爽柔美

秋季类型体现冷静自然

冬季类型展示鲜明对比

塑造皮肤美人的粉底色彩选择法

化妆当然要选择秘密色彩

　　每次化妆的时候，总有很多要考虑的烦恼，比如和今天的着装相不相配、和想要展示的形象相不相符以及和自己的本色相不相衬等。年纪小的时候，皮肤底子好，就算脸上画得东扭西歪，很不自然，也削减不掉一丝内在的朝气和可爱，"浓妆淡抹总相宜"。可是，年龄大了，皮肤开始变松弛、粗糙和黯淡，皱纹、黄褐斑、黑眼圈都席卷而来，再用心的妆容也无法回复到昔日美貌，"最是人间留不住，红颜辞镜花辞树"。即便如此，我们还是有学习化妆色彩的必要，它的应用因人而异，针对个人特性，遮瑕彰辉。例如，春季类型的人，如果用冷色的眼影，皮肤会顿显黯淡；反之，如果是冬季类型的人，用了暖色调的橄榄绿，整个人就会立刻显老。另外，如果是添加了珍珠粉的化妆品，这珍珠粉的颜色是金色调还是银色调，一定得检查仔细。金色适合春季和秋季类型的人，银色适合夏季和冬季类型的人。在岁月的流逝中，得以越发光彩照人的，不是不老的自在神仙，而是与时间风霜抗争的凡人。

化妆也应遵循TPO之道

　　使用适合自己的妆容秘密色彩，会获得自然、健康、整洁之效果。即使没有高超的化妆技术，也能凭借自己天生的肤色以及所寻找到的能够激发自身魅力的秘密色彩，展现自己的独特美。着装上的TPO原则，想必大家都有了解，那么让我们把这个原则也应用到化妆上，不放弃任何一个为自己加分的机会吧。

日妆

　　在商务活动中，最重要的莫过于相互间的信任了。在办公室里，需要塑造成熟、知性、敏锐的形象，因此妆容不宜过浓，以免削弱正统风格，也不宜过淡，以免表达不出应有的尊重。首先，眉毛和唇线应稍稍侧重直线画法，增加洗练感和健康之美。其次，应少用一些过于闪烁的修饰化妆品，比如掺杂了金粉和银粉的眼影、腮红等。

晚妆

下班之后，就可以根据私人时间的安排发挥妆容技巧了。如果是好友吃饭等休闲场合，妆容表现出自然健康、充满活力即可；如果是情人约会，要强调女性美，需要根据着装色彩对面庞加以修饰，展现多彩可爱的妆容；如果是聚会或者应酬，则应用闪粉或珍珠粉稍加修饰，展现自己的靓丽形象。

春季类型讲究明亮华丽

　　春季类型的特点是皮肤以黄色调为主，整体形象干净而生动。这种类型上妆的关键在于将肤色提亮。无论眼影、腮红还是口红，暗色是这种类型的大忌。使用浅橙色、珊瑚红、桃红色等色彩，可使肌肤显得透明水灵、吹弹可破。

眼影色
腮红色
口红色

春季类型妆容

Spring Makeup

眼影色
橙色系、绿色系和棕色系等都是理想选择，主要颜色不可掺杂过多，以免显脏。

珊瑚红　　浅橙色　　中黄绿色

腮红色
使用透明的桃红色或者暖色调的肉粉色、浅橙色腮红，会使肌肤显得更加洁净。

淡肉粉色　　浅橙色

口红色
针对暖粉色系的唇色，推荐橙色系中清亮透明的口红色。肌肤的透明感，再配上亮珊瑚色和清亮粉色的口红，更加显得别致可爱。

亮珊瑚红色　　清亮粉色

眼影色冷凝深邃，自然之美达到极致。

眼影色
鲜明的米色、亮棕色等
与肤色相配的自然色可营造出
天然之美。

腮红色
略微透出黄光的
亮桃红色、珊瑚粉等，
可使脸颊显得红润有光泽。

口红色
办公室场合使用中等
程度的浅橙色或者珊瑚红，
宜境怡人。

Spring-night 晚妆

　　眼睑和脸颊使用橙色系或黄色系，明丽动人。也可使用添加亮粉的唇彩或口红，会显得更加生动。

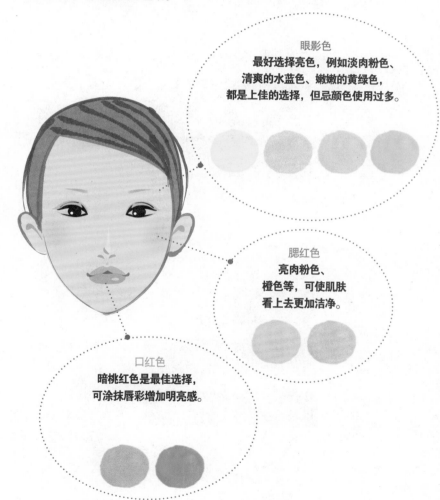

眼影色
最好选择亮色，例如淡肉粉色、
清爽的水蓝色、嫩嫩的黄绿色，
都是上佳的选择，但忌颜色使用过多。

腮红色
亮肉粉色、
橙色等，可使肌肤
看上去更加洁净。

口红色
暗桃红色是最佳选择，
可涂抹唇彩增加明亮感。

夏季类型强调清爽柔美

　　夏季类型的人天生透出温柔和优雅之感。妆容较适合浅灰色和粉白色系的颜色，色调宜浅而亮，不宜暗而深。这种类型适合表达透明、奢华、浪漫的风格，应巧用中间色和亮色展现这一点。为了增强面颊的红润感，腮红色应更加华丽，眼影色选用蓝灰色或紫色，口红色则侧重粉色或玫瑰色。在整体风格表达上，华丽与居家并重，上得厅堂、下得厨房。

眼影色

腮红色

口红色

眼影色

由于整体气质天生偏温顺，
故明亮又不失柔软蓝色系的眼影最为相称。
若是棕黑色或深玫瑰棕色的瞳孔，
配上紫色或粉色系的眼影，楚楚动人。

紫光蓝色　　**粉蓝色**　　**淡紫色**

夏季类型妆容
Summer Makeup

腮红色

这种类型人的脸颊多呈
泛出蓝光的粉色系颜色，
因此，腮红色应选择玫瑰粉色
或者淡紫色。如果希望展现华丽之美，
在腮红中添加珍珠粉，效果显著。

玫瑰粉色　　**淡紫色**

口红色

使用软粉色，优雅感十足。
唇色偏玫红或粉红的人较多，
配合腮红，口红应选用玫瑰粉色
或淡紫色。

玫瑰粉色　　**紫罗兰色**

选择掺杂灰色的蓝色或者玫瑰棕色系列的眼影，
可以营造温柔高雅的氛围。

眼影色
柔软的玫瑰棕色系眼影，
适合淡灰色的瞳孔，
可使眼眶醒目而柔和。

腮红色
泛出蓝光的粉色系脸颊，
应选择粉色系腮红，
可显示出自然红润之美。

口红色
使用柔软的粉色，
可显示出优雅感。
泛出蓝光的粉色系和冷玫红色系
将增添知性魅力。

粉白色系是眼部妆容的亮点，将塑造出清爽明丽的形象。

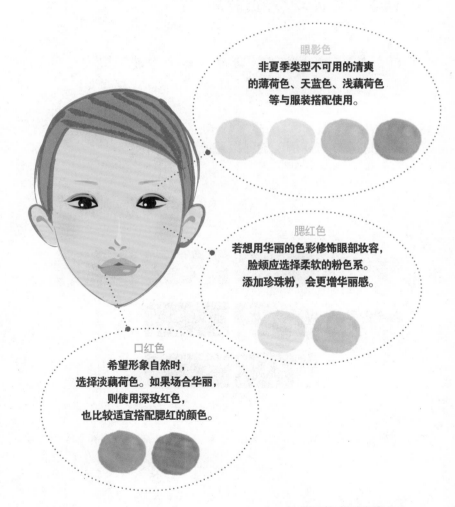

眼影色

非夏季类型不可用的清爽
的薄荷色、天蓝色、浅藕荷色
等与服装搭配使用。

腮红色

若想用华丽的色彩修饰眼部妆容，
脸颊应选择柔软的粉色系。
添加珍珠粉，会更增华丽感。

口红色

希望形象自然时，
选择淡藕荷色。如果场合华丽，
则使用深玫红色，
也比较适宜搭配腮红的颜色。

秋季类型体现冷静自然

　　秋季类型适合自然柔和的妆容。化妆技巧要有浓有淡，即色彩不明显的淡妆效果和雍容华贵的浓妆效果都要有体现。主色调以暗橙红或棕色等深邃的颜色为主，其余部分保持洁净天然。忌用玫瑰红以及蓝色系的颜色。

眼影色

腮红色

口红色

秋季类型妆容
Autumn Makeup

眼影色

**瞳孔色属深棕色系的人，
适合深巧克力棕色和苔绿色
等深邃的色彩。橙色和绿色系混合
能创造独特的眼影效果，也鼓励尝试。**

深巧克力棕　　**金色**　　**苔绿色**

腮红色

**这种类型人的脸颊略微透出棕色，
所以腮红色应以肉粉色和
深番茄红色为主，可以起到突出
强调的作用。**

肉粉色　　**深番茄红色**

口红色

**该系列的唇色偏暖红色，
因此口红应选择深番茄红色
或铁锈色等明度较暗、饱和度较高
的颜色。橙红色也可搭配肤色使用。**

铁锈色　　**橙红色**

眼影色使用棕色或橄榄绿等层次渐变丰富的颜色，更显清爽明丽。

眼影色
秋季类型多有深棕色系的瞳孔，
因此深邃冷艳的棕色或橄榄绿
将为明眸更添神韵。

腮红色
这种类型脸颊的自然色
多偏棕黄，可选择浊暗肉粉色
或者杏仁色等深邃的颜色。

口红色
应选择低明度和高饱和度
的米色或铁锈色、棕色系口红。

Autumn-night 晚妆

巧用苔绿色或绿松石色等热烈丰富的色彩，增强雍容华贵的气质。唇线可加以强调。

眼影色

搭配服装颜色，作为强调，可选择色彩热烈的眼影以增强华丽感。另外，推荐使用珍珠粉。

腮红色

由于秋季类型的面颊色缺乏血气，需要腮红帮助增加生动感。推荐赤褐色系，可营造出晚霞般的柔美。

口红色

在聚会等场合上，古铜色或热烈的深番茄红色等口红色，可展现女性的成熟美。配合肤色，橙红色也值得推荐。

冬季类型展示鲜明对比

　　强烈的对比会给人以鲜明醒目、理智干练的印象。冬季类型的人适合明亮华丽的色调，眼线和唇线宜分明。此时，眼影色、口红色之中有一处为亮点足矣，腮红色达到自然效果即可。腮红忌浊色和棕色系的颜色，忌附着的粉状视觉效果。如果要强调冬季类型人天生的敏锐气质，则可用素净色打造裸妆效果。服装搭配上也应以强烈的对比感，配合妆容，共同体现独特的个性。

眼影色

腮红色

口红色

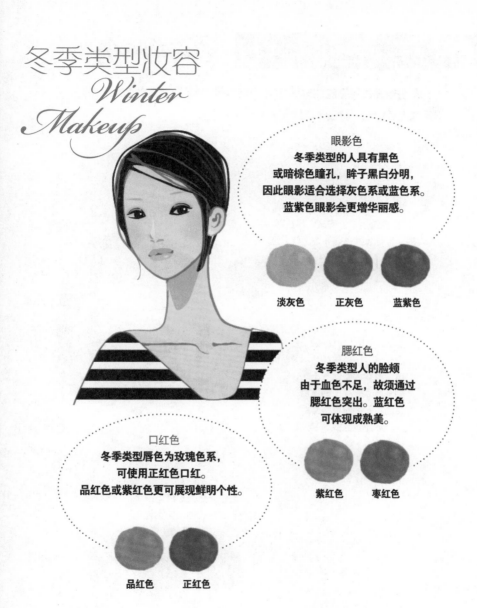

冬季类型妆容
Winter Makeup

眼影色
冬季类型的人具有黑色
或暗棕色瞳孔，眸子黑白分明，
因此眼影适合选择灰色系或蓝色系。
蓝紫色眼影会更增华丽感。

淡灰色　　　正灰色　　　蓝紫色

腮红色
冬季类型人的脸颊
由于血色不足，故须通过
腮红色突出。蓝红色
可体现成熟美。

紫红色　　　枣红色

口红色
冬季类型唇色为玫瑰色系，
可使用正红色口红。
品红色或紫红色更可展现鲜明个性。

品红色　　　正红色

灰色或勃艮第酒红色对比鲜明，可营造出独特而高雅的形象。眼影宜选用灰色或棕色，腮红和口红宜选用粉色或红色。

眼影色

这种类型的人拥有黑色或深棕色瞳孔，眸子黑白分明。因此应选用灰色或蓝色系眼影。海军蓝或蓝紫色等亦是上佳之选。

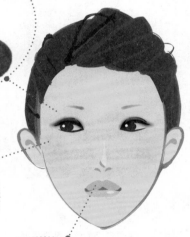

腮红色

由于脸颊天生血气不足，腮红应起到突出的作用，泛蓝光的粉色系腮红将增添脸颊的红润感。

口红色

唇色天生为玫红色，深邃的红色或勃艮第酒红色，将塑造出值得信赖的形象。

Winter-night

晚妆

选择鲜明深邃的蓝色、紫色或者粉色，可以营造出浪漫的戏剧效果。
另外，可使用唇彩增强华丽感。

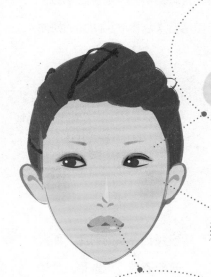

眼影色
为塑造华丽形象，
选择鲜明的蓝色系或紫色系眼影。
另外，推荐再使用睫毛膏突出明眸。

腮红色
宜使用泛出蓝光的紫色系腮红，
能够让人联想到兰花的柔美。

口红色
泛出紫光的深玫红色系
以及品红色或紫红色等个性鲜明
的颜色，更能突出女性美。

第五步　妆容色彩 / 223

塑造皮肤美人的粉底色彩选择法

春季

春季类型忌用厚重的、浑浊的、昏暗的粉底。肤色呈米黄色或软米色等明亮透明的颜色时，应使用亮米色粉底。明亮的奶油米色可以表现出健康美。

夏季

夏季类型的人，肌肤白里透红，应避免红色系的粉底，而黄色系成分过重的粉底，会令肤色显脏，也要避免。应选用玫瑰米黄色粉底。

秋季

对于秋季类型的人来说，不可选用过亮或过红的粉底，也不宜选用过于暗淡、黄色系成分过多的粉底。秋季类型人的肤色呈现出略微泛点黄光的金米色，因此牡蛎白或暖米色等泛出黄光的米色较为适宜。

冬季

冬季类型的人，应避免使用过于自然和过于昏暗的粉底色。这种类型人的肤色要么白皙、要么黯淡，应选用蓝米色系或亮深棕色等，可以表现明丽华美之感。

美发色彩

尝试改变第一步，从头发开始
春季类型适合偏黄的棕色秀发
夏季类型适合偏红的玫瑰棕色秀发
秋季类型适合深棕色秀发
冬季类型适合偏蓝的黑色秀发

尝试改变第一步，从头发开始

　　发型是一个人的外貌中最先映入别人眼帘的部分。比起其他时尚消费，发型是花费较少的，却是能立刻获得面貌上全新改变的一种形象设计途径。美发有修剪、染色、烫发等方式，其中最为重要的是染色。发色因为是与脸色直接相邻的颜色，所以对于整体形象影响很大。若是想要调整气质或者完善肤色，可通过改变发色达成。黑色的头发由于易传递出保守和固执的信息，在流行趋势中渐渐被棕色、橙色、酒红色和金色等新鲜元素所取代，甚至连作为无彩色的白色和灰色也为大众所接受和追捧。着装和妆容、发型，共同构成了个人整体形象的时尚组成部分。因此，对发型"秘密色彩"的使用，也要得心应手。如果染了个非自己所属季节类型的颜色，会产生极大的负面效果。不但个人魅力无法自然表现，整体形象也会大打折扣，这种错误一定要避免。

春季类型适合偏黄的棕色秀发

春季类型人的头发粗而有光泽，发色和瞳孔色相近。因此，在发色的选择上，自金黄色（Blonde，金色和黄色混合形成的颜色）至棕色的整个色系都较为适合。金棕色、金黄色等泛出褐色或橙色光泽的颜色，都能与肤色相配，营造出温柔朦胧之美。春季类型人的发色忌黑色、灰棕色、酒红色系、蓝色系等。东方人的天生发色自棕色到黑色，界限模糊，但是春季类型的人最适合的还是泛出金色光泽的棕色以及黄褐色系。

温和、柔顺并且充满朝气的短发或者层次感较强的波浪卷发都是上乘之选。忌长直发和过短的直发，要保持天然雕饰的可爱形象。

黄棕色
Yellow Brown

金棕色
Golden Brown

春季类型
美发风格

Spring
hair style

珊瑚棕色
Coral Brown

橙棕色
Orange Brown

夏季类型适合偏红的玫瑰棕色秀发

夏季类型的人，头发较细，泛着亮棕色的光泽，适合的发色有亮褐色和灰褐色，忌泛出黄色和橙色光泽的颜色。搭配柔软温和的眸子和粉红的肤色，偏红的玫瑰棕或者偏黑的发色都是理想之选。另外，透出蓝光的暗褐色，也是不错的选择。如果天生发色过黑，可选择柔和的棕色，能够使整体形象更加温顺。夏季类型适合的发色是饱和度较低的颜色，应避免金黄色、橙红色、棕红色和黑色。

夏季类型适合自然大方的直发或微波浪发型，忌夸张的波浪卷发和直短发。这种类型的长发比短发更能表现女性美和温柔气质。

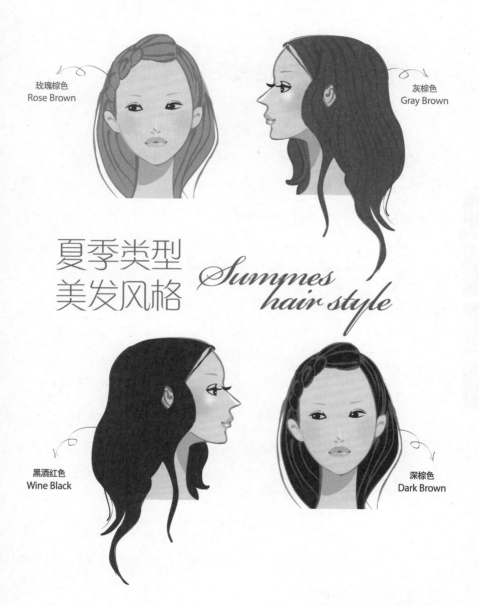

玫瑰棕色
Rose Brown

灰棕色
Gray Brown

夏季类型
美发风格

Summer hair style

黑酒红色
Wine Black

深棕色
Dark Brown

秋季类型适合深棕色秀发

　　秋季类型的人，发质较干燥，无光泽，呈暗褐色，看起来较粗糙。因此，推荐能传递出温暖深邃信息的棕色。另外，秋季类型中瞳孔透出偏绿光泽的人，发色也适合泛着绿光的灰棕色(Ash Brown)。另外，赤褐色、黄褐色等颜色都有赤色中泛金光的特点，头发如果能依靠这样的特性变化，将增加整体形象的丰富感。但是，任何事情都过犹不及，要注意避免过分明亮的色彩。另外，添加灰色的黑色和酒红色，与秋季类型的整体气质不符，选择时应加以注意。

　　若说能体现雍容高雅气质的发型，还要数柔软的波浪卷发或波浪长发，忌过分端正的直发和削剪的短发。

红棕色
Red Brown

金棕色
Golden Brown

秋季类型
美发风格 *Autumn hair style*

黑棕色
Black Brown

灰棕色
Ash Brown

冬季类型适合偏蓝的黑色秀发

冬季类型的人，头发有光泽。未添加红色元素的暗褐色、黑色、红酒色等都可以作为冬季类型的首选发色。冬季类型的人群中，眼珠黑白分明的特别适合选择泛出蓝光的黑色发色，容易让人产生信任感。而同是冬季类型，瞳孔浊而黄的人就更适合无黄色光泽的可可棕色。冬季类型的人忌泛金光的褐色或泛红光的栗色。另外，过于明亮的颜色以及两种色调混合的颜色也是大忌。

直发或者轮廓端正简约的发型适合冬季类型的人。发型线条应疏朗分明，头发过长或者波浪卷发会显得过于厚重，也容易略显苍老。另外，简约感来自色彩的统一，因此忌挑染发色。

蓝黑色
Blue Black

深棕色
Dark Brown

冬季类型
美发风格

Winter hair style

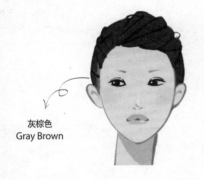

灰棕色
Gray Brown

银灰色
Silver Gray

第五步　妆容色彩 / 237

第六步 STEP6

形象色彩

用色彩展现心仪形象

一般来说，每种颜色都会给人以特定的联想形象。粉白色系，会传递出甜美、可爱、温顺的形象；深沉厚重的颜色，会传递出信赖、理智的形象……这个道理，作用到每个人天生的肤色上，也是一样的。初见一个人，根据这个人的瞳孔色、发色和肤色，心里会有一个先入为主的评价。例如，瞳孔色、发色、皮肤色天生较为明亮的春季或夏季类型的人，无论与谁接触，总能给人一种可爱温顺的感觉。相反，深色系的秋季或冬季类型的人，不知为什么，给人的感觉总是显得成熟、冷静和稳重。

诸如此类，与人见面，如何通过着装和妆容色彩，传递出正确的信息，塑造起理想的形象，是至关重要的。一个春季或夏季类型的女孩，穿了一身粉白色系的连衣裙，看起来不仅颜色上相得益彰，更能展现出浪漫的女性之美。但是，如果场景换成职场面试，需要展示成熟和能干的一面时，这样的着装就是失败的了。粉白色系连衣裙再怎么适合这个人，也不如穿一身不那么适合的深色职业套装要好，因为评价标准已经不是美不美了，而是能不能拿到Offer了。再比如，一个看上去成熟老练的秋季或冬季类型的女孩，要去相亲，要展现自己甜美可爱的女生形象，这种情境，还真得选择粉白色系的裙装，就算有几分颜色搭配不合适，也无关大雅。当然，后面我们也会讲到，如何把那些本来跟自己类型不相符的颜色，也穿出为自己加分的效果。无论在任何时候，着装都要遵循场合第一、要表达的信息第一的原则。

寻找独我风格

　　除了已经寻找到的"秘密色彩"，在日后的着装中，还会有另外的颜色被人们赞许说"搭配得真不错"、"这颜色真适合你"。另外，还有一些并不那么适合你的颜色，但是给人以稳重感或者让你无理由地喜欢。这类颜色，通常会同你个人形象相符合或者同特定的情境需求相吻合。那么，到底什么是"我的形象"呢？怎么才能知道"我的形象"是什么样子呢？让我们先一起来做一下形象自我测试吧。

　　在自我测试结果中勾选最多的三种类型可以综合成为自我形象。有的人可能所有选项都只选了一种特定类型；有的人也许各种类型的选项都有选择，分布较均匀。类型较单纯的人，往往是无论自己还是外人都能一眼看到其心底的纯粹的人，这类人应该增加着装的变化幅度，也要学习如何根据TPO原则穿衣打扮。而各种类型都综合携带的人，也许还未发觉自己真正的个性，应该在几种综合结果中，选择一种目前自己需要塑造的形象，然后慢慢研究该类型的穿衣之道，展示独我风格。

形象自我测试

1. 下列各项描述与你性格最相符的是?
   a. 很容易让人感到亲切,不会让人产生傲慢感
   b. 居家娴静
   c. 高挑干练,有品位
   d. 作风独特新奇
   e. 踏实谨慎
   f. 积极自信

2. 下列各项对于怎样过周末的描述,你最喜欢哪项?
   a. 和同事一起参加体育运动
   b. 同爱人、亲人一起在家相聚一天
   c. 同朋友一起观赏音乐会或芭蕾舞表演
   d. 寻找新举行的美术展
   e. 宅在家里一个人读书或做其他感兴趣的事情
   f. 参加需要签名的盛大官方晚宴

3. 你现在正在从事的职业是?
   a. 系统工程师、幼儿园教师、摄影家、体育运动员、中小学或高等院校教师
   b. 婚庆公司职员、药剂师、律师、客服人员、物理治疗师、家庭主妇
   c. 化妆品行业工作人员、珠宝行业工作人员、秘书、咨询师、政府公关、会计
   d. 广告企划工作人员、生产制造业工作人员、艺术家、设计师、发型设计师
   e. 公务员、银行工作人员、会计、医生、教师、政客、经理
   f. 总裁、管理层人员、宣传人员、董事、市场营销人员

4. 最钟爱的饭店类型是?
   a. 休闲风格的,可以吃三明治的小咖啡馆
   b. 口碑好、氛围温馨的私房菜饭馆
   c. 品牌和菜品都出众的饭店
   d. 图书咖啡店或装修风格独具特色的咖啡店
   e. 老字号的西餐店或者排名靠前的饭店
   f. 昂贵的酒店或者流行的咖啡馆

5. 日常工作主要是?
   a. 出差频繁、较为奔波的工作或者从事驾驶或物流方面的工作
   b. 和孩子们在一起,家庭主妇或者从事烹饪相关工作
   c. 商务洽谈、制作提案并进行会议展示
   d. 影视鉴赏评论、陶艺、巡游于艺术咖啡馆之间,从事与学习有关的工作
   e. 案头工作、写作、调查、会议、授课等
   f. 大众讲演、商务展示、活动、聚会、社交等

6. 最喜爱的花纹或布料类型是？

    a. 格纹、无纹纯色底、条纹、棉纱

    b. 花卉图纹、水滴纹、心形纹、蕾丝、褶皱面料、柔软的面料

    c. 无纹纯色底、同色系搭配、锦缎、佩斯利涡旋纹花❶、丝绸、开司米山羊绒

    d. 奇异配色韵律的条纹、复古花纹、视觉特效图案、新材料、三宅褶皱布料❷

    e. 苏格兰花呢格纹❸、菱形格纹、法兰绒❹

    f. 硕大夸张的图案、名牌Logo、令人眼前一亮的魅力材质、闪光质地的材质，皮草类

7. 最喜爱的装修风格？

    a. 使用天然松树木材打造的美国乡村风格

    b. 白色系家具、线条繁复的椅子、使用蕾丝和粉色系颜色打造的女性风格

    c. 洗练、简约而品位高雅的风格

    d. 复古风家具、旧货市场淘来的古董、混合东方古典家具打造的独特风格

    e. 红木系列的传统英式风格

    f. 现代钢铁、玻璃、木材等打造的夸张、锐利的意大利风格

8. 你的形象贴近于下列哪个选项？

    a. 亲近平和

    b. 温顺可爱

    c. 细心和蔼

    d. 创意个性

    e. 品位优雅

    f. 正直干练

---

❶佩斯利涡旋纹花（Paisley），是一种由圆点和曲线组成的华丽纹样，状若水滴。它的名字来源于苏格兰西部一个纺织小镇，这里因大量生产该纹样的披肩闻名。佩斯利花纹细腻、繁复、华美，具有古典主义气息（摘自百度百科）。——译者注

❷三宅褶皱布料，Pleats Please（三宅褶皱）是大设计师三宅一生（ISSEY MIYAKE）的副线品牌，在1993年被创造出来的初衷，只是为了旅行的轻便。三宅一生大师曾说："大部分人需要的并不是那些总需要小心伺候的衣服，而是随时可穿、能带着旅行的服饰。"在这个理念下，Pleats Please店铺内的服饰实用性十足，它最大的优势是突破尺寸限制，承受得住压挤，轻盈不变皱，又可冷水手洗，易晾干，无须熨烫，不论旅行或平常收纳，都不用额外费心。而且，它因皱褶呈现出特殊的棱角，为身体营造出立体线条，还可以起到修饰效果（摘自百度百科）。——译者注

❸苏格兰花呢格纹(Tartan check)，Tartan是正统苏格兰花呢格纹的称呼，而Tartan Check是其衍生出的由不同色彩的直、横线条交错构成的格子花样。1782年，Tartan被打上了"苏格兰'国服'"的印记，后演变成时尚界永不落伍的经典图形，早已蔓延到时装搭配的各个角落（摘自GQ网）。——译者注

❹法兰绒（Flannel），用粗梳毛纱织制的一种柔软而有绒面的毛织物，于18世纪创制于英国的威尔士。国内一般是指混色粗梳毛纱织制的具有夹花风格的粗纺毛织物，其呢面有一层丰满细洁的绒毛覆盖，不露织纹，手感柔软平整，身骨比麦尔登呢稍薄（摘自百度百科）。——译者注

9. 你最钟爱的风格是?

  a. 自在闲适的随性风格

  b. 细腻可爱的女性风格

  c. 柔顺高雅的定制风格

  d. 捉摸不定的创意风格

  e. 保守传统的正装风格

  f. 领袖气质的强烈风格

10. 你最中意的发型是?

  a. 打理起来方便、看起来也自然的发型

  b. 可爱的公主式长卷发型

  c. 长度及肩、波浪丰富而饱满的发型

  d. 每季都改变,时刻保持最新潮流的发型

  e. 不在乎头发长度、一直留下去的发型

  f. 梳起来柔顺清爽的发型

11. 你最中意的鞋子类型是?

  a. 运动鞋或轻便帆布鞋

  b. 同着装相配的鞋子或者带有蝴蝶结等装饰的鞋子

  c. 优雅而简约、后跟较高的鞋子

  d. 没有特别的偏好,各式风格的鞋子都喜欢

  e. 穿着舒适的轻便皮鞋

  f. 细高跟鞋或几何图案的高跟鞋

12. 你选购女包的习惯和中意的款式是?

  a. 实用性较强、分层较多、拎起来舒服的手提包

  b. 女性休闲风格或校园风格的书包

  c. 每年平均购买两件的质地上乘的皮包

  d. 在风格近似的手提包中选择多种颜色

  e. 考虑到经久耐用,故倾向于购买质地较好的包

  f. 因为一有机会就买,所以对包的款式没有特别的偏好

13. 如果参加聚会，你希望选择下列哪种服装款式？

    a. 平常也可以穿的丝绸材质的套装

    b. 蕾丝质地的奶油色裙子和夹克

    c. 材质柔软的黑色连衣裙或者两件式套装

    d. 与众不同、风格独特的礼服

    e. 带有珠宝垂饰的夹克和绸缎裤子

    f. 色彩华丽、带有小亮片的连衣裙

14. 你最中意的睡衣款式是？

    a. 棉质的宽松睡衣睡裤或样式简单的长袍睡衣

    b. 有褶皱和繁复蕾丝的款式

    c. 丝绸质地的内衣

    d. 丝绸短睡袍或者大号的T恤

    e. 舒适的T恤和宽松的裤子

    f. 裸睡

15. 你常用的沟通方式是？

    a. 爽快风趣

    b. 温暖活泼

    c. 优雅干练

    d. 生动而直言不讳

    e. 有教养，文质彬彬

    f. 自信热情

核算每题勾选的英文字母，将字母个数填入下列对应空白处。选择个数最多的字母，即个人相对应的风格。

a	_____	运动型	d	_____	创意型
b	_____	浪漫型	e	_____	古典型
c	_____	端庄型	f	_____	戏剧型

运动型展现明丽健康

运动类型展现出健康、活跃、舒适、亲切的形象。这种类型的人穿衣重视舒适程度，比起那些时髦而靓丽的装束，他们更倾向于选择运动或休闲风格的装束。这种类型的人喜欢穿款式单一的平跟鞋、帆布鞋和运动鞋，喜欢背简单的肩包或随意拎个手提袋。妆容自然，接近裸妆，发型也没有太多的人工加工成分。该类型的人应注意避免使形象出现懒散、不够干练等负面信息。属于运动型的颜色，多为欢快生动的"三色球"❶颜色、原色或者朴素的泥黄色等。

---

❶三色球（Tricolore），是在世界杯比赛中首次印有彩色图案的足球。其设计灵感来源于法国的三色国旗以及法兰西民族和法国足协的传统"雄鸡"标志。——译者注

　　三色球由红色、蓝色、白色三种颜色组成。如果是冬季类型的人，你的三色球颜色就要选择原白、正红和海军蓝。但若是春季类型的人，三色球的颜色就应该换成更加明亮的象牙白、橙红和灰蓝色。倘若是夏季类型的人，则应换成软白色、枣红色和紫光蓝色。

春季类型	夏季类型	秋季类型	冬季类型

浪漫型强调女性魅力

浪漫类型展现出温暖、可爱、文静的形象，外貌柔和而健康。这种类型的人大多喜欢柔软的粉白色系颜色和柔顺的设计曲线，丝绸、雪纺绸、毛线衫、羊毛绉丝、花样装饰等都是她们的最爱。另外，她们还经常使用蕾丝、褶饰、蝴蝶结等线条繁复的物件。这种类型的人重视凸显女性轮廓美，并擅长强调腰部曲线，而且能够巧用珍珠项链、刻有浮雕的宝石或贝壳、袖珍耳坠、复古风格的珠宝等浪漫的配饰为自己的形象加分。至于鞋子，她们喜欢带有蝴蝶装饰的、轻便的帆布鞋或者系带的平底鞋。

她们倾向于选择小巧柔软的手提包，偏爱波浪形卷发，妆容温婉。

浅粉色、亮柠檬黄色、粉蓝色等甜美可爱的颜色是浪漫的代表色相。如果是春季类型，可选择暖粉色、鹅黄绿色、亮水蓝色等。若是秋季类型，是不是和粉白色系的颜色不相称呢？深桃红色、芥末黄色、黄绿色等颜色是秋季的"粉白色系"。若是冬季类型，则用灰粉色、灰蓝色、灰紫色营造甜美的氛围。

春季类型	夏季类型	秋季类型	冬季类型

端庄型讲究优雅贤淑

　　端庄类型表现出品位高雅、端正贤淑的女性形象。该类型的人善于使用颜色较浅、饱和度较低的浊色系，营造出温馨和谐的氛围。而且她们还会花心思强调女性身体的曲线美。

　　适合她们的配饰有从粉色到蓝色的丝巾、领结或手提包或者选择珍珠等首饰，尽显大气优雅之美。夏季类型或秋季类型中有许多颜色适合端正型形象，若本人的自然色属性是夏季类型，通过玫瑰米色、玫瑰棕色、薰衣草紫色等柔和的色彩搭配，很容易塑造出一位贤良淑德的大家闺秀。如果是

Elegance Style

秋季类型，暖米色、翠绿色、黄绿色等搭配在一起可共同展示穿着者出众的品位。

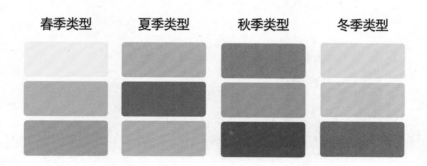

春季类型	夏季类型	秋季类型	冬季类型

创意型避免锋芒外露

创意类型展现出创造力和
与众不同的思维，如变色龙般时
刻变幻，永远沉浸在尝试新奇的
兴奋中。由于在着装搭配时，她
们很少在意周围人的眼光，因此
在颜色选择上大胆而夸张。这种
类型的人擅长表现波西米亚风格
的流浪、自由和放荡不羁之感，
甚至嬉皮士风格，着装款式和颜
色搭配很随意。但是需要注意的
是，这种不在意和随意性也许会
给人留下难以相处的印象，应适
当加以改正。

在用色上，秋季类型的颜色
是最适合创意型发挥的了，铁锈
色、水鸭蓝等都是少数民族风情

Creative Style

的色彩。如果是冬季类型，则可使用黑色、蓝紫色、灰褐色、灰米色等打造个性形象。如果是春季类型，则选择中黄绿色、薰衣草紫色等鲜明的颜色或者金棕色等棕色系的颜色。如果是夏季类型，暗紫红色或者薰衣草紫色搭配可可色，将塑造出众人瞩目的独我风格。

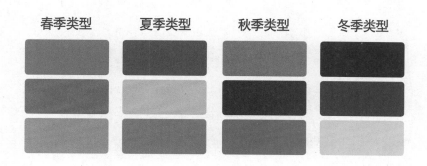

春季类型　　　夏季类型　　　秋季类型　　　冬季类型

古典型增强生动活泼

　　古典类型通常传递出值得信任、知性成熟、品性高尚的形象。这种类型的人着装正统，常选择定制夹克、职业装衬衫、基本类型的西装裤和及膝的裙子以及舒适简单的鞋子。发型和妆容上也偏传统，所佩戴的首饰更是简约、低调但不失优雅。但是，长期一成不变的古典风格，容易给人造成保守、固执、消极的印象，因此，有必要从细节入手，尝试时尚元素。

　　由于古典风格的颜色多为深色和传递传统信息的颜色，因此，冬季或秋季类型的颜色

Classic
Style

更加适合古典型的发挥。若是冬季类型，海军蓝、松绿色、深蓝红色等是上乘之选。若是秋季类型，则可使用冷驼色、深巧克力棕色等棕色系的颜色以及橄榄绿、森林绿等。夏季类型则适合海军蓝、灰蓝色、勃艮第酒红色。而对于明亮活泼的春季类型来说，亮米色、中黄色或亮海军蓝色都能营造出让人十足信任的形象。

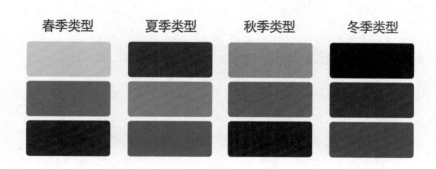

春季类型　　　夏季类型　　　秋季类型　　　冬季类型

戏剧型回归低调冷静

　　戏剧类型的人无论何时都是自信满满的样子，对于穿衣打扮有自己的一套，个性彰显。她们时尚敏感度很高，总能紧跟时尚潮流发展，无论走到哪里都是众人瞩目的时尚先锋，并勇于做"第一个吃螃蟹的人"。这种类型的人喜欢材质和风格独特的手提包、皮鞋和首饰。对于发型和妆容，也是本着"流行第一"的原则。但是，这类人的缺点是：过于表现自我，容易给周围的人造成压力，使人觉得难以相处。

　　戏剧型的色彩明亮而且对比强烈，对于冬季类型来说，很多

颜色都适合，比较有代表性的是正红色等原色以及纯白色和黑色等对比鲜明的颜色。如果是春季类型，鲜艳的亮红色、浅正红色、中度绿松石色等都可正确传递出戏剧型的特点。秋季类型则可使用华丽的深番茄红、绿松石色、深紫光蓝色等。亮色较少的夏季类型，则适合西瓜红色、深玫瑰红色、深蓝绿色等。

| 春季类型 | 夏季类型 | 秋季类型 | 冬季类型 |

"非我颜色为我所用"的色彩消化法

世上有那么多种颜色，谁都不想仅凭着一句"是不是符合自己的天生色彩属性"，就一辈子被那么寥寥几种颜色拴着。还有更多的人，压根就不想知道什么是属于自己的"秘密色彩"。寻找自己的"秘密色彩"，并不是想给颜色做个限定、缩小你的选择范围，而是让你根据自己天生的肤色、发色和瞳孔色特征，了解自己的色彩属性与其他颜色之间的关系，以便根据时间、场所和目的进行着装，通过色彩更好地表现自己。

的确，我们身边的颜色多得数也数不清，只在"秘密色彩"的小圈子里打转转，的确很无趣。总有些颜色，即使跟自己的脸色不相配，也无理由地喜欢；有些颜色，一穿上就被周围的人频频称赞；还有些颜色，当下正流行，再不适合自己，也想试一下。下面，我们就讲讲如何应对这些情况，怎么把本来不属于自己的颜色穿得像自己的颜色。

使用时尽量与脸色保持距离

所谓不适合自己的颜色，是指在衬托或对比下让脸色黯淡无光的颜色。所以，这种颜色应该尽量使用在远离脸色、与脸部毫不相邻的位置，比如裙子或裤子上、手提包或鞋子上等。如果一定要将这种颜色用在上衣部分，也应在颈部保证有一定程度的过渡。

注意颜色的对比、重量、分布面积

让我们继续来分析不适合自己的颜色，讨论一下它们为什么不适合。春季或夏季类型的人，不适合深沉、厚重和暗淡的色彩。当不得已穿着厚重的颜色时，应选择富有轻盈感的颜色作为衬托色或者干脆缩减厚重颜色的分布面积。秋季或冬季类型的人，不适合轻而浊的颜色，也应巧用对比、重量和分布面积等技巧以调整视觉上的平衡。

配饰华丽化

　　身着不适合的颜色，容易使整体形象变得黯淡沉闷。因此，可以使用金银耳环、项链、毛衣链、胸针等耀眼的首饰来救场。如果个人的自然色属于泛黄光较强烈的类型，服装色彩又是属于极不相称的蓝晕色调，此时可用金首饰来增强黄色调。前文中也提到过，黄色基调的人，适合金饰，蓝色基调的人，适合银饰。金色给人以温暖华丽的形象，银色给人以冷静现代的印象。

以设计风格和材质做补充

　　即使是颜色用得失败了一点，如果服装的样式恰巧能勾勒出完美的女性线条，设计风格也会令人眼前一亮，基本可以抵消色彩应用上的不足了。职业模特在参加试镜时，大多会选择样式简单的黑色服装，这样的服装有聚焦众人目光的作用，能凸显曲线美。再比如说，虽然颜色很合适，但是服装款式却早就不流行了，身着这样的服装会不经意传递出此人性格固执的信息。所以，色彩虽然是极其重要的因素，但是设计风格和材质也不容忽视。如果选择深沉厚重的颜色，那么在设计和材质上就要花点心思了。

用适合的颜色上妆

如果为了追赶时尚一定要穿不适合自己的流行色系，那么一定要把自己的"秘密色彩"用在妆容上。想必有不少女性，在穿了不适合自己颜色的服装后，还要硬是配合着装颜色上妆，这就是雪上加霜的行为了，负面效果会翻倍。如果不想让脸色更显苍老或灰暗，那么就在自己的"秘密色彩"中挑选适合的口红或腮红颜色，增加面色的红润感。此时，如果口红和服装的颜色看上去实在太"驴唇不对马嘴"，则可改涂可调和两种颜色矛盾的中间色，但是需要注意的是，中间色也必须来自于自我的"秘密色彩"。

综合考虑场所、主题、性格和季节等因素

就餐时的优雅不仅体现在举止上，还要看个人整体色调同餐厅色调是否相符。身着互补色的服装，会获得空间立体之美；参加宴会，如果选择了一件与宴会主题色调相配的晚礼服，则今晚的最佳女主角非你莫属。就算是再适合深色系的人，如果让她在一个盛夏之夜穿黑色的套装、黑色丝袜和黑色高跟鞋出场，也实在不想再看她第二眼。同样是盛夏之夜，同样的黑色，如果换成无袖麻布连衣裙、赤脚凉鞋，再配个网兜，看上去就舒服多了。后者仅在服装材质和样式上稍加变化，就会立刻显得清爽干练。无论什么风格，都需要搭配柔软的元素。

无论谁都有穿上去好看的颜色

有那么几种颜色，虽然没有被任何一种季节类型的人收入他们的"秘密色彩"，但却是"谁用谁合适"的万能用色，也称通用色(Universal Color)。它们是一组蓝晕和黄晕并存的中间色，包括柔软的粉白色系颜色、珊瑚粉红色、水蓝色等。如果对自己的"秘密色彩"生厌了，就尝试这些搭配起来轻松又效果理想的通用色吧。

理解了以上7点后，就能对自己"秘密色彩"之外的颜色应用自如了，色彩搭配的发挥空间也将更加广阔，相信各位都有能力塑造出让自己更满意的形象了。

通用色 Universal Color

浅黄色
Buff

紫光蓝色
Periwinkle
Blue

绿松石色
Turquoise

杏黄色
Apricot

柔白色
Soft White

珊瑚粉红色
Coral Pink

中暖绿松石色
Medium Warm
Turquoise

西瓜红色
Watermelon

灰米色
Gray Beige

秘密色彩（Secret Color）

是指与个人天生的肤色、发色、瞳孔色最为相配的、能够衬托出独特个性的颜色。通常也被称作个人色彩(Personal Color)。本书赋予了秘密色彩神秘感，使其成为变美的秘密武器。

三原色

颜料中的三原色是指品红色(Magenta)、青色(Cyan)、黄色(Yellow)。

三大属性

色彩的三大属性是指色相、明度和纯度。所有颜色都是根据这三种属性变化得来的。

无彩色

白色、灰色、黑色这样没有色相但拥有明度的颜色，被称为无彩色。

有彩色

无彩色之外的所有颜色，都被称为有彩色。

暖色

给人以温暖感、积极活泼的颜色。

冷色

给人以寒冷感、稳定安静的颜色。

主色调

对传递整体感觉信息起到最大作用的、涵盖面积最广的颜色。

间色

三原色（品红色、青色、黄色）中，两两混合得到的颜色，不包含无彩色。

邻近色

处在色相环相邻位置的颜色。

补色

处在色相环相对位置的颜色。

四季色彩理论❶

"四季色彩理论"始于德国包豪斯艺术学校的教授约翰内斯·伊顿❷。他在色彩构成实习课上，让学生们根据自

---

❶四季色彩理论，根据颜色的冷暖、明暗、饱和度属性，以大自然四季色彩特征为归类标准，将颜色分为春季类型、夏季类型、秋季类型和冬季类型。每个人的身体自然色（肤色、发色、瞳孔色等）属于哪一种季节类型，他/她就被称为该季节类型的人。四季色理论的应用，就是在这四组色群中，找出与自己的自然色属性相协调的色彩群，那么一切用色，包括衣着、妆容甚至居室、周边环境的用色都可以统一到同一组色调中。——译者注

❷约翰内斯·伊顿（Jogannes ltten，1888—1967），瑞士人。1888年11月11日生于瑞士特翁附近的施瓦尔岑埃格，1967年3月25日卒于苏黎世。他才学渊博，不仅是画家、雕刻家，而且是一位极负盛望的美术理论家和艺术教育家，毕生从事色彩学的研究，被誉为当代色彩艺术领域中最伟大的教师之一（摘自百度百科）。——译者注

身肤色、发色和瞳孔色，找出与自己的自然色属性相协调的色彩群，色彩的四季理论由此生发。而该理论的风靡，得益于该课程的一名学生，美国人卡洛尔·杰克逊(Carole Jackson)。她的著作*Color Me Beautiful*为该理论在日后二十多年的盛行不衰起到了积极的传播作用。

地球色（Earth Color）

是指地球自然界本来具有的色彩，如大地的黄色、天空的蓝色、海的蓝色、花和草的颜色、草原上动物的颜色等纯天然色彩。自然界中常见的褐色和绿色调的颜色大多都在地球色的范围内。草绿色、灰色、米色和橄榄绿等是地球色的代表颜色。

网兜（Mesh Bag）

网兜近来在流行设计中受到追捧，成为着装搭配中极受瞩目的配饰。

都市时尚风格（Sophisticated）

Sophisticated这个单词的本意为老练的、精密的、尖端的、高雅的，但在服饰中表示高雅而洗练的都市时尚风格。

玳瑁

本书特指玳瑁的背甲，为非晶质体，呈微透明或半透明，具有蜡质或油脂光泽。玳瑁可用于制作戒指、手镯、簪（钗）、梳（栉）、扇子、盒、眼镜框、乐器小零件、精密仪器的梳齿以及刮痧板等器物，古筝义甲和古代朝鲜琵琶的拨子也是由玳瑁制作的，同时它也是螺钿片的材料之一，具有独特的神韵和光彩。

贴身女背心（Camisole）

女性内衣的一种，类似吊带背心，无袖，长及腰下，常同衬裙(Petticoat)或裤子搭配穿着。

三色球（Tricolore）

三种颜色构成的球体，通常用于描述三色组合。

同色系搭配（Tone On Tone）

是指同种色相、不同色调的搭配，是最容易达成效果的配色方式。

A一 春季SPRING

B一 夏季SUMMER

C — 秋季AUTUMN

D — 冬季WINTER

E — 春季SPRING

F — 夏季SUMMER

G — 秋季AUTUMN

H — 冬季WINTER

春季SPRING

秋季AUTUMN

夏季SUMMER

冬季WINTER

Color
Style
Book

Color
Style
Book